TRAITÉ

SUR LA

CULTURE DES ŒILLETS.

PARIS. — IMPRIMERIE DE FAIN ET THUNOT,
Rue Racine, 28, près de l'Odéon.

TRAITÉ

SUR LA

CULTURE DES ŒILLETS;

SUIVI

D'UNE NOUVELLE CLASSIFICATION

POUVANT AUSSI S'APPLIQUER AUX GENRES ROSIER, DAHLIA,

CHRYSANTHÈME,

ET A TOUS CEUX QUI SONT NOMBREUX EN VARIÉTÉS.

PAR

RAGONOT-GODEFROY,

MEMBRE DES SOCIÉTÉS D'HORTICULTURE DE PARIS, CORRESPONDANT DE CELLES DE BERLIN, DE LIÉGE, ETC.; AUTEUR DU TRAITÉ DE LA CULTURE DES PENSÉES, ET D'OUVRAGES ÉLÉMENTAIRES SUR L'HORTICULTURE.

En voyant ces œillets qu'un illustre guerrier
Arrose d'une main qui gagna des batailles,
Souviens-toi qu'Apollon a bâti des murailles,
Et ne t'étonne pas si Mars est jardinier.

Deuxième édition, revue et augmentée.

PARIS.

AUDOT, ÉDITEUR DU BON JARDINIER,

RUE DU PAON, N° 8.

L'AUTEUR, HORTICULTEUR-FLEURISTE,

A AUTEUIL PRÈS PARIS, RUE LAFONTAINE.

1844

A

MONSIEUR DE MIRBEL,

DE L'ACADÉMIE DES SCIENCES, ETC.

Hommage du plus profond respect.

RAGONOT-GODEFROY,

HORTICULTEUR A AUTEUIL.

La classification des œillets a été le premier travail que j'ai soumis à la Société royale d'horticulture. Mon but était de déterminer les dénominations et les descriptions des nombreuses variétés qui se confondaient dans l'esprit des amateurs, à en juger par les catalogues publiés jusqu'à ce jour.

Ce travail me parut surtout devoir être utile à mes confrères et aux amateurs, et je m'empressai de développer cette classification telle que je la comprenais. Par suite, l'éditeur du *Bon Jardinier* me conseilla d'y joindre un Traité de la Culture de l'œillet, et de le publier. En le composant, j'étais loin de m'attendre à l'accueil que cet opuscule devait recevoir du public horticole. Cette bienveillance m'a engagé, depuis, à lui offrir un

Traité sur la culture d'une autre de mes spécialités : la Pensée.

La première édition de mon **Traité sur la Culture de l'œillet et leur classification** étant épuisée, il était de mon devoir, ainsi que de mon honneur, de rendre cette seconde édition plus complétement utile en y ajoutant les observations que la réflexion et la pratique m'ont naturellement suggérées, et celles qui m'ont été indiquées par de judicieux amateurs. Ces additions étaient devenues indispensables, surtout pour rendre ma classification plus nette et plus précise, et d'un usage plus général. Le public jugera si j'ai su profiter de ses conseils bienveillants, et si j'ai failli aux encouragements et aux félicitations dont il a bien voulu m'honorer.

INTRODUCTION.

Le mérite de la nouveauté dans une fleur ne saurait lui valoir longtemps l'avantage d'en remplacer d'autres antérieurement connues pour faire l'ornement et le charme de nos parterres.

L'éclat, la variété, les formes plus ou moins élégantes ou bizarres des fleurs nouvellement introduites, peuvent, sans nul doute, solliciter notre choix pour le moment; mais ces qualités seules ne suffisent pas. Les fleurs les plus dignes de nos soins sont, sans contredit, celles qui, à ces grâces, à ce brillant coloris, joignent encore une suave odeur.

Une première place dans nos jardins est donc justement assignée à l'œillet, même botaniquement parlant; et nous ne pouvons concevoir qu'il ait été assujetti à l'influence si souvent injuste de la mode, encore moins que des gens blasés ou sans goût aient osé parler de négliger sa culture. Mais le plus grand nombre des amateurs a fait justice de cette monomanie pour les végétaux exotiques, dont, le plus ordinairement, tout le mérite consiste à venir d'autres climats, et à être, par conséquent, d'une culture aussi dispendieuse que difficile : en dépit de la mode, l'œillet est resté en possession de briller dans tous les parterres des véritables amateurs. En effet, est-il une plante dont le port soit plus élégant et les fleurs plus riches d'éclatantes couleurs, de nuances tendres ou délicates, et d'accidents variés? Son parfum suave ne la distingue-t-il pas entre toutes les belles plantes? Parmi le petit nombre de celles que l'on pourrait lui comparer, en est-il beaucoup qui résistent mieux aux intempéries de nos hivers? N'exigeant que quelques soins peu assujettissants, en est-il qui se reproduisent aussi facilement par semis, par marcottes ou par boutures, et dont la culture soit aussi attrayante?

Tant de précieuses qualités réunies ne pouvaient manquer de prévaloir sur une indifférence que rien ne saurait justifier. Déjà beaucoup d'amateurs distingués reviennent de nouveau à cette fleur avec plaisir; elle reprend le rang qui lui est assigné par la nature et le bon goût. Dans le siècle où nous vivons, rien de beau et d'agréable ne peut échapper aux amateurs et même aux personnes du monde les plus distraites par leurs occupations ou leurs plaisirs. On rencontre encore cependant quelques amateurs dont les goûts sont invariables. On peut encore citer les amateurs de quelques contrées, qui s'étant adonnés par goût à une culture spéciale, ont réussi à donner à certaines variétés de fleurs une supériorité vraiment remarquable. Mais il n'est pas moins certain qu'une culture progressive a enrichi l'œillet de nouvelles formes gracieuses, de mille nuances que jusqu'alors on ne lui connaissait pas, et il est aujourd'hui recherché plus que jamais. Quand sa culture a été négligée, c'est qu'elle était réduite aux œillets flamands, genre alors exclusivement en faveur, d'une conservation fort difficile, et qui nécessitait des soins très-minutieux. Mais ces jolies miniatures devaient-elles partager le sort des œillets flamands? Qu'on les compare avec eux, et l'on se convaincra qu'elles exigent bien moins de soins. Ces plantes sont plus robustes, plus variées; leur conservation et leur reproduction exigent moins de connaissances horticoles; elles ont encore l'avantage de conserver plus longtemps la pureté de leur couleur, sujet de reproche incessant et fondé qu'on fait à l'œillet flamand, dont l'uniformité est sans contredit monotone. Dans les collections les plus riches, on compte à peine cinquante de ces œillets flamands bien distincts, tandis que les fantaisies en comportent plus de cinq cents, tous plus brillants et plus riches les uns que les autres. Nous le demandons, est-ce justice, si aujourd'hui la mode et le bon sens, d'accord, accueillent les fantaisies, sans néanmoins négliger les flamands, qui ont bien, comme les autres, leur

mérite? Notre assertion est parfaitement jus-
tifiée par l'aveu remarquable d'un amateur
passionné des œillets flamands, M. le baron
de Ponsort.

« Aimables femmes, amies et rivales de nos
plus belles fleurs, amateurs dont les jardins
renferment des trésors de beauté, cultivez ce
joli et coquet œillet de fantaisie! il vous dé-
dommagera des peines infinies que vous vous
donnez pour un ingrat flamand qui vous
échappe.....

» Passionné pour cette fleur d'une beauté
si piquante, loin de m'en réserver les
plaisirs, je prétends ici vous les faire partager. Agréez l'hommage de ce petit *Traité
sur la culture de l'œillet;* vous y trouverez
tout ce qui a rapport à son éducation, à sa
conservation et à sa reproduction. Il est si
agréable de suivre une jeune plante dans son
développement! Quelle douce récompense de
vos soins quand sa ravissante fleur se présente
dans toute sa parure, revêtue de couleurs
brillantes, souvent enrichie d'accidents ad-

mirables, embaumant de suaves émanations l'air que vous respirez ! Son existence, il est vrai, n'est pas d'une bien longue durée, mais, comme chez la rose, sa fleur renaît chaque printemps et toujours avec les mêmes charmes ! »

Du mérite comparatif de l'œillet dit *de fantaisie*, et de l'*œillet flamand*.

Réponse à M. de Ponsort.

Nos affections pour le genre œillet en général, et pour l'œillet de fantaisie en particulier, nous ont suscité un adversaire.

M. le baron de Ponsort se présente comme champion de l'œillet flamand; il nous jette le gant..... nous l'acceptons..... C'est beaucoup d'honneur pour nous assurément.

Nous ne renions rien de ce que nous avons avancé, libre à M. le baron de se rétracter aujourd'hui sur le mérite qu'il a reconnu à l'œillet *fantaisie;* libre encore de se retrancher sous des faits tout nouveaux, selon lui, qui ne peuvent, à notre avis, atténuer la valeur de ceux que nous allons lui objecter.

M. le baron prend à cœur la culture flamande, il tient à faire valoir d'anciennes idées. En les adoptant sans partialité, si elles nous paraissent admissibles, nous en émettrons de nouvelles, beaucoup mieux en rapport avec le goût actuel, qui a progressé sans doute, à l'insu de M. le baron, autant que les fleurs qui en sont l'objet.

L'amour qu'il porte aujourd'hui, plus que jamais, aux œillets flamands, nous autorise à penser qu'il n'a jamais visité nos belles collections d'œillets de fantaisie; qu'il n'a jamais été témoin de l'accueil flatteur qui leur a été fait par nos maîtres en fait de bon goût*, du plaisir que nos dames ont pris à les considérer, et à les admettre dans leur intimité. Nos œillets n'ont rien perdu de la sympathie que l'on avait pour eux; leur langage emblématique est peut-être plus varié qu'au-

---

* MM. Friès-Morel, Augier, de Gouberville, Désobry, Feuillet, Rossignol.

trefois, mais non moins éloquent ; il n'a plus la prétention assez surannée de servir à composer *l'habit moral de l'homme, celui de la femme ;* nous sommes loin du moyen âge : autres temps, autres coutumes, autres jouissances.

Nous ne pouvons dire que l'œillet flamand soit sans mérite ; nous ne contestons ni sa beauté ni l'effet admirable qu'il produit sur nos gradins. Est-ce à dire que ses congénères, revêtus de couleurs plus variées, et se présentant sous un aspect plus coquet et plus séduisant, ne puissent rivaliser avec lui ? La proscription de l'un ou l'autre de ces œillets, à ce qui nous semble, serait un ridicule bien près de dégénérer en manie ; le Créateur, qui n'a rien fait sans but, nous a donné ces diverses fleurs pour répondre à un besoin de variétés qui est en nous, besoin qui, par exception, paraît inconnu à M. le baron !.....

Pour y satisfaire, nous donnons également tous nos soins à l'œillet flamand, dont nous possédons une collection riche et complète..... Tous deux brillent de leur plus belle parure; tous deux plaisent, parce qu'aujourd'hui les goûts sont plus développés, plus diversifiés, plus épurés, et surtout moins aristocratiques qu'autrefois; sans que pour cela les amateurs sensés puissent croire et écrire que *les horticulteurs* de notre époque *sont d'avides marchands qui spéculent sur l'ignorance, et s'efforcent de l'entretenir par tous les moyens,* c'est-à-dire par nos nouvelles cultures..... N'existe-t-il donc des gens de probité et de bon goût qu'en Flandre?

L'œillet flamand exige des soins très-minutieux, c'est une vérité; mais, nous blâmer avec tant d'amertume d'en avoir prévenu les amateurs, est-ce raison? Notre intention a été de les mettre en garde contre bien des déceptions qui, en les indisposant contre l'œillet flamand, pourraient les faire renoncer au genre œillet en général. Notre conscience d'horticulteur ne se trouve-t-elle pas à l'abri de tout reproche, lorsque nous n'avons parlé qu'après avoir longuement éprouvé qu'une

2

plante parfaitement pure est revenue tout à coup à son type primitif dans l'espace d'une année seulement? C'est là ce que les amateurs d'œillets flamands ne peuvent nier, et c'est là précisément ce qui a motivé nos préférences. Quant à la variété, M. le baron juge nos collections de Paris sans les avoir vues, comparativement avec les œillets des flamands; et pour donner raison à ces derniers il suppose, en termes peu charitables, que nous *formons à volonté*, et comme par magie, *des variétés d'œillets fantaisie, seulement d'une différence microscopique.* — Son œillet flamand pourrait, bien plutôt que les œillets de fantaisie, être assujetti à ce besoin d'optique, puisque sur 400 variétés que nous avons reçues des collections qu'il recommande, nous n'avons pu trouver, en les comparant lors de la floraison, que 80 variétés distinctes, encore a-t-il fallu beaucoup de bonne volonté de notre part.

La raison de ce choix circonscrit est bien évidente. On obtient peu de variétés parce que cet œillet ne possède qu'un caractère unique, savoir : un ruban longitudinal qui traverse le pétale, sur un fond toujours le même ; ruban plus large ou plus étroit, qui se colore de diverses manières..... Aussi, qui a vu un œillet *flamand* peut très-bien se figurer toute une collection.

Dans les *fantaisies*, au contraire, s'accumulent beaucoup de richesses. D'abord, on y remarque 14 caractères évidents qui se combinent à l'infini.

Comme coloration, l'œillet flamand offre une série très-limitée, qui prend du violet au rouge, jusqu'au rouge orangé ; tandis que les *fantaisies* s'étendent du bleu violacé, en parcourant le violet dans toutes ses nuances, le rouge, le jaune jusqu'au jaune verdâtre. De plus, la variété du fond de cet œillet prête encore à modifier ces effets : ainsi sur un fond rouge, jaune, chamois, blanc, ardoisé, viennent se joindre des accidents de dessin et de coloration quelquefois fort surprenants, qui donnent un mérite inappréciable à notre fleur, dans ses beautés comme dans ses *fantaisies*, aussi bien que dans ses créations régulières, et pour ainsi dire immuables.

Comment se fait-il que des amateurs, doués de sagacité, paraissent vouloir se renfermer opiniâtrement dans un cercle d'admiration si étroit, se faisant une espèce de gloire de méconnaître tout ce que la création leur présente d'admirable? sa fécondité ne sollicite-t-elle pas continuellement notre attention? toutes ses variétés ne sont-elles pas placées sous nos yeux pour s'harmonier avec nos goûts divers?..... Mais nous y voilà..... Au temps jadis les beaux œillets ne devaient naître, ne devaient être admirés, cultivés, que par des mains princières; ils devaient jouer leur rôle politique au temps des malheurs publics, aux temps de la Fronde. *La nature fragile du flamand, son port imposant ne pouvaient décemment se présenter à travers les vitres fêlées de l'échoppe enfumée du savetier!..* suivant M. le baron de Ponsort. — Ah, que les temps sont changés!... aujourd'hui, *noûs cultivons les fantaisies de préférence parce que. leur nature grossière résiste plus facilement à notre négligence* (grand merci!). C'est bien là, dans sa candide naïveté, le langage de la partialité orgueilleuse.

Simple horticulteur, dévoué avec enthousiasme à notre art, à notre industrie, toujours en présence de la nature, mieux que personne à même d'apprécier ses bienfaits et de saisir toutes les nuances des beautés qu'elle nous présente, nous avons donné tous nos soins à cette aimable congrégation de fleurs, toutes plus gracieuses les unes que les autres; nous les avons toutes réunies dans nos affections; il ne nous est jamais venu dans la pensée qu'il y en eût une seule parmi elles qui eût été créée pour flatter la vanité ou la passion politique d'une certaine classe d'hommes; conséquemment, dans notre ignorance vulgaire, pour nous conformer encore à la volonté toute bienfaisante de la nature, nous les avons offertes à tous ceux de nos concitoyens qui ont des yeux pour les admirer et un goût assez délicat pour s'en entourer. Nous avons stimulé ce goût par notre méthode de classification, par notre travail de culture raisonnée, et pour nous rendre encore plus utile, nous avons consigné nos observations dans notre *Traité* selon notre capacité et selon nos convictions, aidées de notre expérience. Il nous a fallu d'abord débrouiller ce chaos de fleurs avec soin. Notre méthode, la première qui ait été adaptée à ce genre de fleurs, était incomplète; nous l'avons bien compris, et nous avons cherché à l'améliorer dans cette nouvelle édition. Telle qu'elle était, cependant, elle nous a attiré des éloges nombreux. Si M. le baron de Ponsort a reproduit la classification flamande, nous lui en savons gré, mais nous lui ferons remarquer que, particulière aux collecteurs de ce pays, elle n'a de rapport direct qu'avec sa plante favorite, *l'œillet flamand*, qui n'est qu'une simple fraction du genre œillet, tandis que la nôtre embrasse et classe tout le genre œillet.

En définitive, tout ce qui est beau a droit à l'admiration de tous. Que l'on recherche avec quelques soins ce qui se trouve de plus parfait dans ses nombreuses catégories de fleurs, rien ne sera plus raisonnable, rien ne sera plus juste. Ce sera alors une affaire de goût.

On peut donc avoir des préférences parmi les fleurs, sans témoigner d'exclusions ridicules, d'autant plus que l'horticulteur et l'amateur y trouveront également et loyalement gloire, progrès et profit.

TRAITÉ

SUR LA

CULTURE DES OEILLETS.

DE LA NATURE DE TERRE

QUE L'ON CROYAIT AUTREFOIS PROPRE AUX OEILLETS.

Bien que l'œillet de fantaisie puisse se passer d'une terre aussi parfaite que les œillets flamands, comme eux, néanmoins, il préfère une terre qui soit appropriée à son organisation.

Un préjugé établissait que le terreau de saule était si favorable à ces végétaux, qu'aucune autre terre ne pouvait le remplacer. Les amateurs ont prétendu depuis qu'une terre franche leur convenait mieux, et cette dernière opinion nous semble plus près de la vérité; toujours est-il vrai que si cette terre est trop compacte, elle fait pourrir le chevelu des racines.

Pour le terreau de saule employé pur, je puis affirmer qu'il leur est préjudiciable comme toutes les substances susceptibles de fermentation; car elles sont incontestablement la source inévitable d'une maladie terrible pour l'œillet : le chancre.

Une autre conséquence encore, c'est qu'une terre trop légère est susceptible de favoriser la dégénérescence des plantes, d'altérer la pureté de leurs couleurs. De plus, les œillets cultivés en terre trop légère ont moins de durée dans leur floraison que dans une terre qui leur est convenable.

TERRE QUI LEUR CONVIENT.

La terre qui convient le mieux à l'œillet, est une terre argileuse et siliceuse à la fois. Elle doit être onctueuse et douce au toucher, et se diviser aisément sous les doigts. Une bonne terre à blé est une bonne terre à œillet, pourvu qu'elle ne soit pas trop forte, car si elle est trop compacte, elle sera plus préjudiciable qu'une terre trop maigre.

Il faudra donc, après un examen sévère, ajouter du sable fin pour la diviser s'il y a nécessité ; on ajoute ensuite un tiers de terreau très-consommé, n'importe lequel, comme engrais ; on passe le tout à la claie, puis on a soin d'abriter ce compost des pluies d'hiver, afin qu'il ne soit pas trop humide au moment de s'en servir. Cette préparation doit être faite dans le courant de l'été, afin de laisser au terreau le temps de finir sa fermentation et de se combiner avec la terre, de manière à former un tout homogène.

DES POTS.

Quoique les œillets puissent aussi bien se développer dans des pots de toutes les formes, pourvu qu'ils contiennent assez de terre pour les nourrir, je proposerai de leur en donner une qui d'ailleurs est presque généralement adoptée par les amateurs. Ces vases sont peut-être moins gracieux que les autres au premier aspect, mais ils trompent l'œil sur leur grandeur réelle; de plus, ils offrent la facilité d'être rapprochés les uns des autres, suivant le besoin, de manière à présenter un ensemble plus agréable. Ils doivent être de forme élevée, dans les proportions de 15 centimètres de diamètre intérieur à la partie supérieure, de 12 centimètres à la partie inférieure, sur 22 centimètres de hauteur totale.

DU REMPOTAGE.

De l'époque opportune du rempotage dépend une belle floraison d'œillets. Si les marcottes ont été conservées dans des godets en hiver, de même que si elles ont à souffrir la transplantation dans une saison où le soleil devient déjà ardent, plusieurs conséquences fâcheuses pourront en résulter pour la plante. Le pot est un bon conducteur du calorique;

s'il est d'un petit volume, l'humidité qu'il contient se trouve aisément absorbée; si les racines sont desséchées, les pousses se nouent et deviennent chancreuses, ou bien elles avortent complétement, tandis que le bourgeon à fleur se soutient; mais la floraison est mauvaise et l'œillet souvent perdu, faute de pouvoir repousser de nouvelles marcottes. Ceci arrive encore si elles sont conservées en pleine terre et rempotées trop tard.

Un autre inconvénient résulte encore de ce qui précède : le bourgeon à fleur peut à son tour avorter, soit par la cause déjà indiquée, soit par le fait d'un insecte quelconque; les marcottes se développent à son détriment. Ceci a peu de gravité, l'amateur se trouve privé sans doute, mais il peut lui arriver pis, car si la plante a souffert, et qu'elle paraisse brillante de végétation jusqu'au moment de sa floraison, à cet instant elle se dessèche, il n'y a d'espérance pour l'amateur que dans le succès très-incertain d'une bouture. On évite tous ces inconvénients en rempotant en saison convenable.

Lorsque les fortes gelées sont passées, et au moment où les œillets entrent en séve, c'est-à-dire vers le 15 mars, on doit s'occuper du rempotage; on supprime toutes les feuilles sèches ou jaunes au moyen des ciseaux; on garnit le fond du vase de quelques tessons de pots pour faciliter l'écoulement des eaux. On aura soin de ne pas enterrer la jeune plante trop profondément : un pouce suffit. Il est très-important de tenir compte de cette observation, car si la racine était trop surchargée de terre, elle pourrait, en se pourrissant, provoquer la mort de l'individu.

Lorsqu'on empote, il est nécessaire que la terre soit comprimée et qu'elle devienne même ferme, car de cette opération dépendent beaucoup la force et la durée de la fleur. Rempotée trop à l'aise, le principe d'alimentation est spontanément absorbé par le soleil, les racines ont à souffrir de cette inconstance d'humidité, les fleurs sont moins nourries, et par conséquent plus tôt flétries.

On doit mettre un tuteur provisoire à chaque plante aussitôt le rempotage, ce tuteur la protége contre tout accident; on l'arrosera légèrement, et on l'abritera du soleil pendant dix ou douze jours. Les amateurs croient assez généralement que le soleil de mars est mortel aux œillets; en conséquence, ils n'osent les exposer à ses bienfaisants rayons; c'est une erreur, c'est une précaution inutile lorsqu'ils sont rempotés. Le soleil n'est préjudiciable qu'aux plantes maladives, chancreuses, que l'intensité de la chaleur détruit en activant le mal. Cependant un soleil ardent et persistant, ainsi que des hâles continus, pourraient leur porter préjudice en desséchant trop vivement la terre, ce qui obligerait à les arroser très-fréquemment. Pour obvier à cet inconvénient, il est prudent d'enterrer les pots dans une plate-bande, un paillis par dessus le pot, jusqu'au moment où la plante exige des soins réitérés; alors on retire les pots des plates-bandes pour les ranger convenablement sur les gradins, où ils figureront dans toute leur splendeur.

CULTURE EN PLEINE TERRE.

Quelques amateurs préfèrent cultiver l'œillet en pleine terre, parce qu'il y devient plus vigoureux, qu'il peut supporter un plus grand nombre de fleurs, et qu'avec moins de soins on obtient une végétation plus luxuriante. — Cela a lieu, parce que les racines peuvent se développer plus à leur aise, et que les principes d'humidité et de chaleur sont plus soutenus. Il faut convenir que les résultats seront toujours en faveur de la pleine terre, le sol fût-il moins parfait que la terre que nous indiquons. Si les amateurs préfèrent les cultiver en pot, c'est qu'alors ils peuvent disposer leurs plantes d'une manière plus agréable à l'œil, et y déployer plus de coquetterie.

Pour la culture en pleine terre, on dispose à l'avance des plates-bandes remplies, à un pied de profondeur, de la terre indiquée pour le rempotage. A défaut on emploie la meilleure terre du pays qu'on habite, toujours avec l'addition d'un tiers de terreau, comme nous l'avons dit. Cependant la qualité de la terre est moins indispensable, parce que les racines s'étendent davantage dans le sol que dans les vases, et elles peuvent aller chercher au loin les sucs qui sont propres à leur alimentation. Il faut espacer les individus de **27** centim. en tout sens, et suivre les mêmes données que pour le rempotage.

Cultivés de cette manière, ils devront fournir une abondante floraison, et des marcottes d'une grande vigueur. Mais les œillets se lassant de vivre dans la même terre, on devra, s'il est possible, les changer tous les ans de place, ou au moins tous les deux ans. S'ils ne réussissaient pas malgré ce traitement, on ne devrait s'en prendre qu'à la qualité de la terre qui pourrait bien contenir des agents nuisibles à la végétation, tels que de la magnésie en trop grande abondance; alors on devra les cultiver en pots.

DU PAILLIS.

Le sol dans lequel je les ai cultivés jusqu'à ce jour, était tellement défavorable à cette culture que, malgré mes soins assidus, j'éprouvais des pertes considérables, que j'attribuais à tout autre cause qu'à la qualité de la terre. J'avais une grande répugnance pour l'usage du paillage, et cependant depuis que je les cultive en pots, j'ai pu éprouver que lorsque ces pots sont enterrés et recouverts de paillis ou terreau peu consommé, on obtenait un bon résultat, parce que l'humidité de la terre étant constamment tenue égale, les racines garnissent le vase dans tous les sens, ce qui donne une grande vigueur à la plante. Après l'avoir expérimenté deux années de suite, j'ai pu voir que le paillis était avantageux à la végétation plutôt que d'être nuisible, et que la mousse même ne peut lui être comparée.

DE LA PROPRETÉ.

Il est nécessaire de tenir ces plantes en état de parfaite propreté, autant par amour-propre que pour la santé des individus. Il faut supprimer les feuilles mortes ou jaunes, mais ne pas les arracher comme on le fait communément, parce que ces blessures déterminent une maladie mortelle, le chancre; il faut donc les couper avec des ciseaux. Il faut aussi retrancher avec soin les pousses nouées qui partent du pied; car, sur ces pousses malades, il se forme encore des chancres qui gagnent bientôt le corps de la plante et la font périr.

ARROSEMENT.

L'œillet, généralement, aime peu l'eau; il faut donc l'arroser avec discernement vers le printemps, parce que la terre est encore humide à cette époque; le soleil n'ayant pas encore beaucoup de force, l'absorption n'est pas encore aussi considérable qu'elle le sera plus tard. Il faut penser que toutes les plantes ne végètent pas également ; celles qui sont le plus pourvues de feuilles ont aussi plus de racines ; elles absorbent beaucoup plus d'eau que les plantes chétives qui ne doivent en recevoir que très à propos. La surabondance d'eau sera toujours nuisible aux œillets, et sa rareté leur sera beaucoup moins préjudiciable ; ils demandent plutôt à être rafraîchis que baignés ou submergés.

Les œillets, comme toutes les plantes, aiment mieux une eau chauffée au soleil que celle sortant d'un puits qui apporte toute son âpreté, occasionnée par des sels en dissolution souvent très-nuisibles à la végétation.

ENGRAIS.

Un procédé d'engrais fort en faveur à l'étranger est celui-ci : pour cent plantes environ, on met tremper dans un baquet d'eau un tourteau de colza frais pesant un kilogramme ; lorsqu'il est bien délayé dans cette eau, on s'en sert pour arroser les œillets au moment où ils entrent en végétation, et ensuite, au moment où les boutons montrent leurs couleurs. Ce procédé, peu en usage chez nous, mérite cependant d'être mis on pratique, car on ne peut en attendre que de bons résultats.

DES PLANTES CHÉTIVES OU MALADES.

Il arrive presque toujours, malgré les soins qu'on donne à ces plantes, qu'il s'en trouve de trop chétives pour faire honneur à une collection; il serait bon de les mettre en pleine terre, pour leur rendre toute leur vigueur; on supprime le bourgeon pour les faire drageonner. N'ayant pas de fleurs à nourrir, ces plantes se fortifient, au point de devenir plus vigoureuses que les autres, et elles fleurissent même quelquefois à la fin de la saison.

DES TUTEURS.

Les tuteurs à préférer sont ceux de bois; les plus durs, les plus droits sont les meilleurs. Quelques personnes, soit par élégance, soit pour la durée, font usage de tuteurs de fer; mais il n'y a pas d'économie à en faire l'emploi, ils peuvent même devenir nuisibles; la terre étant mouillée, le tuteur, toujours trop mince, ne peut soutenir le bois de la plante contre le moindre vent; en se penchant il entraîne le bourgeon et le casse s'il ne peut suivre son inclinaison. Si le tuteur de fer est fiché sur le bois, il ne vaut pas mieux, parce qu'il froisse toujours les racines quand on l'introduit dans le pot. Il est urgent de bien aiguiser en pointe les tuteurs, quels qu'ils soient, afin de ne point nuire aux racines.

DES BAGUES OU ATTACHES.

Monsieur le baron de Ponsort a imaginé fort ingénieusement, pour substituer au jonc, de se servir de petits anneaux de cuivre, qu'il introduit au moment de l'empotage entre les aisselles des feuilles d'œillets, en les réunissant en faisceaux, et faisant ensuite remonter chacun de ces anneaux suivant sa destination. Ce procédé, pour un amateur minutieux, a bien son mérite, mais il n'était pas praticable pour tous les amateurs, et surtout pour les horticulteurs dont les œillets ont souvent plusieurs bourgeons à fleurs. Cependant j'ai vu immédiatement l'avantage qu'on pouvait tirer de ce procédé par une simple modification, c'est-à-dire en se servant d'anneaux *ouverts;* par ce moyen ce procédé est non-seulement praticable, mais encore il a un avantage décidé sur le jonc. D'abord on peut les mettre à telle époque que ce soit, suivant l'exigence de la plante ; on ôte ces anneaux s'ils deviennent surabondant, on en ajoute ; on les remonte au besoin avec plus de rapidité qu'on ne ferait d'une attache de jonc. Ils ont de plus l'avantage sur le jonc qu'ils ne font que maintenir le bourgeon de l'œillet sans l'étreindre, qu'il ne peut couder ou casser, puisque le bourgeon, par son ascension, entraîne les anneaux qui glissent sur le tuteur et servent de second soutien à la plante.

On peut soi-même fabriquer ces bagues : on choisit à cet effet un morceau de bois droit, ou mieux une tringle de fer de la grosseur d'un bouton d'œillet, on contourne sur cette espèce de mandrin un bout de fil de fer que l'on coupe avec des cisailles, et voilà toute la préparation qu'exige cet anneau. On peut encore l'employer pour empêcher la fleur de se déchirer; nous reviendrons sur cet article.

SUPPRESSION DU BOUTON.

Bien que les œillets de fantaisie puissent, à cause de leur vigueur, supporter un plus grand nombre de fleurs que les flamands, cependant on doit en proportionner le nombre à la force de chaque individu, de même qu'on peut laisser aussi plusieurs tiges à fleurs si cet individu est de force à les porter. Mais j'observerai que lorsque l'on tient à avoir des fleurs d'un grand diamètre, on ne peut en laisser un grand nombre. Lors même qu'on serait curieux d'en voir beaucoup réunies, il est nécessaire de retrancher aux boutons principaux ceux plus petits qui leur sont adhérents, car ils vivraient à leurs dépens, tous fleuriraient mal, souvent même ils avorteraient, et toute jouissance serait perdue pour avoir voulu trop exiger. Trois ou quatre belles fleurs font plus d'honneur que six et même dix fleurs médiocres ; d'ailleurs la suppression du bouton est toujours en faveur des marcottes.

DES BOUTONS.

Lorsque les boutons grossissent et que les cou-- leurs sont visibles, il faut se garder de les ouvrir sans nécessité, car la nature prévoyante a donné à chaque fleur un calice qui les enveloppe plus ou moins, suivant le besoin, dans le dessin de les pro- téger contre leurs ennemis ou contre les intempéries des saisons. Ce calice se flétrissant par le toucher, les insectes s'y introduisent et décolorent la fleur avant qu'elle ait pu s'épanouir.

Cependant il faut souvent aider à son développe- ment, car il arrive parfois que la surabondance de séve occasionnée par les temps humides, provoque un déchirement qui nuit à la beauté de la fleur: dans ce cas on se sert de la pointe d'un canif; on ouvre les cinq divisions du bouton, également, pour aider à son épanouissement. S'il se déchire encore malgré cette opération, on se sert des bagues que j'ai indiquées, ou de fil de plomb que l'on en- lace dans les divisions du calice : cette précaution suffira pour empêcher la fleur de se déformer, et elle dispensera des soins minutieux qu'exigent les cartes.

DE LA FLORAISON.

La floraison est, pour un amateur, un temps de
délices ; cependant le plaisir que lui procure l'épanouissement de ses protégés n'est pas exempt d'in-
quiétude et de travail, à cause des soins réitérés
qu'il est obligé de leur donner ; mais la compensa-
tion est si grande qu'elle lui fait trouver bien doux
les instants qu'il leur consacre. Il veut tout faire par
lui-même ; il dispose ses plantes avec art sur ses gradins ; il arrange chacune de ses fleurs avec coquetterie et bon goût, soit pour faire valoir les unes, soit
pour cacher les défauts des autres, ainsi qu'une
tendre mère pour ses enfants. La visite de ses amis
le réjouit, il leur présente avec complaisance sa
jolie et nombreuse famille ; on examine, on admire,
on revient de l'une à l'autre, chaque éloge, chaque
signe d'admiration est un plaisir ineffable pour le
propriétaire. Quel bonheur pour lui de se voir en-
touré de plantes admirables, de fleurs charmantes !
Tout est beau autour de lui ; les soins, les peines,
les dépenses, tout est oublié au milieu de ces
enivrements de parfums et de ces rayonnements de
couleurs si douces et si pures !

DU GRADIN.

Un gradin doit être construit de manière à pouvoir donner avec aisance des soins à chacune des plantes qu'il contient ; cinq à six tablettes suffisent : ce gradin doit être adossé le long d'un mur au nord ou au levant ; il sera recouvert d'une toile mobile, pour protéger les plantes des pluies surabondantes , et de la décoloration qu'un soleil trop ardent produirait sur les fleurs si elles y étaient exposées sans réserve.

Quelques personnes préfèrent, au lieu d'un gradin de bois, élever un tertre bordé de gazon pour y recevoir les œillets. L'œil se trouve également satisfait de cette disposition, mais les plantes sont plus assujetties aux ravages des insectes, qui se réfugient ordinairement dans la bordure de gazon ; il faudra donc l'entretenir avec soin, afin d'obvier à cet inconvénient.

ADOPTION DES OEILLETS.

On doit mettre le plus grand soin dans le choix des individus qui doivent composer cet ensemble, non-seulement pour satisfaire l'amour-propre, mais encore pour éviter que les bonnes plantes n'aient à souffrir dans leur fécondation du voisinage des plantes secondaires.

On exige pour l'adoption d'un œillet de fantaisie une bonne conformation du bouton, la perfection d'épanouissement de la fleur, sa plénitude et sa dentelure si elle est caractéristique. Quant aux couleurs, le bon goût seul en décide; les plus pures, les dessins les plus réguliers, les plus harmonieux, sont ceux qui obtiennent la préférence. Un œillet qui ne se déchire pas, quel que soit l'état atmosphérique, doit être considéré comme une perfection. Celui qui ne crève qu'accidentellement, comme celui qui ne nécessite que quelques soins dans son épanouissement, peuvent être considérés bons eu égard à leur couleur et à leur ampleur. Il faut rejeter comme *crevards* ceux dont le bouton est renflé vers sa base et dont le reste est conique, et ceux qui sont très-renflés vers le centre. Ces sortes de boutons, trop fournis en pétales, ne fleurissent qu'à l'aide de soins bien entendus, car lorsqu'ils seront susceptibles d'être acceptés à cause de leur beauté, ils nécessiteront d'être *cartés*.

S'il était possible de composer une collection d'œillets dont la conformation du calice fût telle qu'en aucun cas il ne pût se déchirer, on n'aurait pas besoin de s'occuper de ceux qui nécessitent des soins pour les produire. Mais il en est tout autrement. Souvent la première fleur d'une plante d'une bonne conformation se déchirera, tandis que les secondes fleurs affecteront une belle forme. Si la fleur est moins nombreuse en pétales, la première sera bonne, tandis que les suivantes seront semi-doubles. Il est donc difficile de tenir cette plante en équilibre parfait de plénitude : l'influence atmosphérique, la nourriture plus ou moins abondante, les boutons plus ou moins nombreux changeront son état normal, mais elle pourra redevenir aussi belle qu'elle l'était primitivement, aussitôt que les causes modifiantes auront cessé d'agir, et l'amateur prudent la conservera en lui donnant tous les soins qu'elle exige.

Certains œillets dont les boutons seront mal conformés, soignés par des amateurs minutieux, peuvent devenir des plantes dignes d'envie, puisqu'on ne les aura recueillis qu'à cause de leur grande beauté et de leur grosseur. Ils se flétriront aussi moins promptement. Nos pères les cultivaient exclusivement, et certaines provinces du midi de la France les ont conservés en honneur, parce qu'on en voit fréquemment porter des fleurs de 8 et même 10 centimètres de diamètre. Pour obtenir ces résultats, il ne s'agit que de leur donner une terre substantielle, de laisser trois boutons au plus, même quelquefois moins, suivant la force de la plante. Aussitôt que les boutons se disposent à s'épanouir, on retranche le haut du calice à l'aide d'une paire de ciseaux, et l'on introduit une carte dont les divisions viennent s'imbriquer sur le calice qu'on a tronqué, puis on referme l'ouverture de la carte au moyen d'une épingle que l'on recourbe.

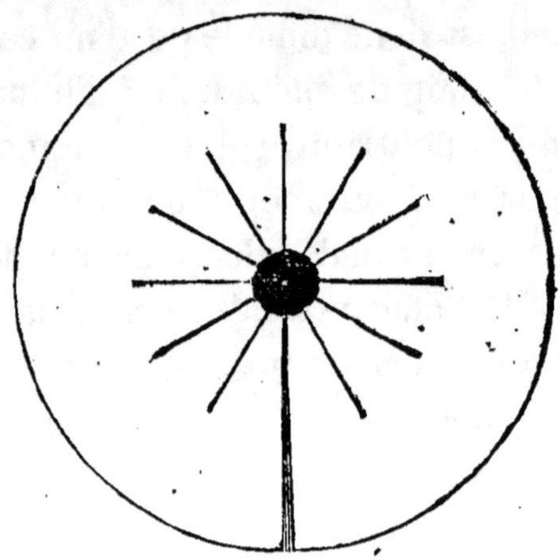

Malgré la simplicité de cette opération, le peu de difficulté qu'elle présente, et les bons résultats qu'on en obtient, beaucoup d'amateurs témoignent de la répugnance à s'en servir. Dans le but de l'éviter, j'ai essayé de raccourcir le calice de la fleur au moyen d'un instrument tranchant, en appliquant la lame sur le bouton et le faisant tourner entre les doigts de manière que la coupure se fasse régulièrement ; la partie supérieure du calice doit se détacher d'une seule pièce. On pratique de nouvelles divisions à la partie conservée, quelquefois les pétales s'étalent d'eux-mêmes et forment un œillet parfait, mais souvent ils se renversent : ou bien on coupe un pétale, mais l'effet de la fleur est détruit, et j'ai reconnu qu'il était préférable de se servir de cartes.

DES GRAINES.

Il est important, pour recueillir des graines qui puissent produire de bons œillets, de les récolter sur les plantes les plus parfaites. Il faut que ces porte-graines soient aérés et protégés contre les grandes pluies ; on doit les arroser assidûment. Quelques plantés donnent difficilement graine : cela tient à la multiplicité des pétales qui remplacent les organes reproducteurs. Si parmi ces plantes il s'en trouve dont le mérite fasse désirer d'en obtenir des semences, il faut les rempoter dans une terre maigre, leur laisser plus de boutons ; les fleurs, appauvries par ce traitement, fourniront moins de pétales, et l'on pourra espérer des graines.

MATURITÉ DES GRAINES.

On reconnaît aisément la maturité de la graine par son enveloppe (ou péricarpe), qui grossit, puis jaunit. Quand on doute de sa maturité, on l'ouvre légèrement : si la graine n'est pas assez mûre, elle est jaune ; si elle est noire, elle est bonne à récolter : coupez les enveloppes et mettez-les sécher au soleil avant de les serrer.

DU MARCOTTAGE.

Le marcottage au cornet a ses avantages et ses désavantages. Les marcottes sont plus régulièrement saines, parce que l'eau ne séjourne pas dans les cornets ; mais elles sont toujours plus chétives, et nécessitent des soins et des arrosements plus fréquents ; si on les néglige, les bourrelets noircissent, durcissent, et s'enracinent difficilement. Ce marcottage est aussi plus minutieux que celui au crochet, ou de pleine terre. Les marcottes, par ce dernier procédé, se contentent de soins généraux ; aussi est-il plus universellement adopté. Du reste, la réussite couronnant presque également ces deux marcottages, l'amateur fera choix de celui qui lui sera le plus aisé.

Le marcottage s'opère aussitôt la déflorescence. Bien que la radification ne soit pas plus de six semaines à s'effectuer, il vaut toujours mieux être en avance qu'en retard, parce qu'il y a toujours des plantes plus difficiles à s'enraciner les unes que les autres, et que les plus délicates nécessitent d'être laissées plus longtemps attachées à la mère, ce qui assurera leur conservation. Il est bon de remarquer que quand la terre est légère, la radification s'opère plus promptement, et que la marcotte s'enracine plus difficilement si elle est enfoncée en terre profondément, tandis que par un temps humide on la voit s'enraciner touchant à peine le sol.

Pour opérer le marcottage, on disposera des planches ou plates-bandes, dont la terre sera bien ameublie ; chaque plante sera épluchée , et les feuilles surabondantes seront supprimées avant la plantation. Tout le monde connaît l'incision pratiquée pour le marcottage : c'est une fente en long de la marcotte, à moitié de son épaisseur, immédiatement au-dessous d'un nœud. Cette opération réussit généralement : aussi les praticiens s'en sont-ils contentés ; mais, comme il arrive que l'épiderme, partie délicate de la plante, mis ainsi à découvert, pourrit et entraîne la perte de la marcotte, on a dû y remédier en recoupant la languette jusqu'à la rencontre de l'autre ligne. L'incision ainsi pratiquée , la surface d'où partent les racines est large et épaisse; et quand même le rapprochement des parties aurait lieu, il n'empêcherait pas la radification de s'opérer, puisqu'il existe un vide à la base de cette incision.

DES HAUSSES.

Quelquefois les marcottes ont la tige trop courte ou trop élevée pour pouvoir être recourbée et enfoncée en terre sans se casser; alors on se sert de hausses ou pots, tronqués par leur base , destinés à cet usage. Ces hausses doivent avoir 8 ou 11 centimètres de haut sur 16 à 19 de large; on les passe

au travers de la plante, et on les remplit de terre.
Il sera facile d'y renfermer les marcottes ; elles s'y
trouveront très-bien, puisqu'elles participeront par
leur base à la fraîcheur de la terre. Mais il faut éviter d'arroser trop fréquemment, car cette abondance d'humidité ferait mourir le pied mère.

DES BOUTURES.

Dans la première édition, je me suis abstenu de
parler des boutures, parce que je ne considère cette
opération que comme une dernière ressource pour
la conservation d'une variété, et non comme un
moyen de multiplication susceptible d'être adopté
pour remplacer le marcottage. Mais, cédant au dé-
sir qui m'a été manifesté par de nombreux amateurs,
je dois consigner ici mon opinion à ce sujet.

Les boutures d'œillets semblent capricieuses dans
leurs reprises ; souvent il arrive que des *clochées* en-
tières réussissent, presque sans exception, tandis
que d'autres, plantées dans un même sol, assujetties aux mêmes conditions d'air et d'humidité, à
quelques jours seulement d'intervalle, manquent
complétement. Il est donc impossible à un amateur,
tel soin qu'il prenne, de risquer ainsi la multiplication de sa collection, puisque, par le marcottage la
réussite est plus prompte, plus assurée, les plantes
plus fortes et tout aussi saines. On ne doit donc

bouturer que les plantes chancreuses, et celles que la racine cesse d'alimenter.

Les boutures peuvent être fendues longitudinalement ou coupées tout simplement près d'un nœud. La bouture tendre est à préférer au bois dur, et même au bois aoûté. Ce qu'il y a de plus important pour assurer la réussite, c'est de tenir compte de la susceptibilité de la plante pour la privation de l'air et de la lumière; l'humidité lui est aussi très-préjudiciable, et elle pourrit aisément. En conséquence, on doit placer ces boutures de manière à ce qu'elles puissent jouir de toute la lumière possible, en les abritant, toutefois, des rayons directs du soleil. Un autre point, non moins important, c'est de ne pas les arroser une fois qu'elles sont plantées On devra donc se servir d'une terre légèrement humectée. Elles peuvent être faites dans le sable, ou dans la terre de bruyère, ou toute autre terre, mais il est indispensable qu'elle soit très-légère, afin de hâter la radification. Dès boutures faites au moment du marcottage, et plus tardivement même, pourvu qu'elles soient enracinées à l'automne, pourront fleurir au printemps suivant.

DU SEVRAGE ET DE L'HIVERNAGE.

On peut sevrer les marcottes dans la première quinzaine d'octobre; on les plante en pépinière à

8 centimètres de distance sur tous sens, de manière
à ne prendre que 98 centim. sur une plate-bande de
1 m. 30 c. de large. On fixe à chacun des bords de
cette dernière des cerceaux distancés entre eux de
98 centimètres. On attache en haut des cerceaux une
petite planche sur toute la longueur de la plate-
bande, pour maintenir leur écartement et servir en
même temps à rejeter les eaux. Cette petite char-
pente est assez solide pour supporter des toiles
cirées ou des paillassons, dont le brin est disposé en
long, ou encore des nattes qui ont servi à l'embal-
lage du sucre. Accrochés sous la planche, ils abritent
les plantes des pluies froides d'hiver, des neiges et
du soleil. Si les œillets ne redoutent pas la gelée,
ils craignent la transition subite de température
qu'occasionne le soleil. On conçoit facilement l'avantage de ce procédé sur celui de conserver les plantes
en serre, où elles sont énervées par la privation de
l'air, car elles demandent de grandes précautions
lorsque par suite il faut les exposer au hâle desséchant de mars. Celles conservées par notre procédé
sont endurcies par cet air qui circule à chaque extrémité de la plate-bande; elles pourront jouir des
beaux jours d'hiver, lorsque la température per-
mettra de relever les toiles ou paillassons qui les ont
abritées jusqu'alors.

DES SEMIS.

Certains amateurs ont prétendu connaître à l'inspection de la graine les œillets simples ou doubles; je n'ai fait aucune expérience pour m'assurer de ce fait. Mais si cette distinction était possible, elle rendrait un service important à ceux qui sèment des œillets en certain nombre. Pour moi, j'ai compté à peine vingt à trente plantes, sur un semis de vingt milliers d'individus; cependant je ne sème que des graines récoltées sur mes meilleures plantes. Suivant le dire de ces amateurs, on ne sèmerait que des graines noires, *lisses et bien pleines*, ce qui n'est pas justifié.

Je sème ordinairement dans la première quinzaine d'avril en pleine planche. Après avoir égalisé ma terre avec soin, je la comprime légèrement avec une planche; ayant ainsi établi une surface unie, il m'est aisé de m'assurer si mes graines sont bien répandues également. Je les recouvre ensuite de 8 millimètres de terreau mêlé de terre, répandue avec un tamis; je finis de l'égaliser avec le dos du râteau; j'arrose légèrement et à plusieurs reprises, afin de ne pas découvrir mes graines et de ne point les déplacer. Je recouvre ma planche d'un paillasson pour empêcher la terre de se durcir et favoriser la germination.

Une huitaine de jours suffisent pour obtenir cette germination. Aussitôt que je vois la terre soulevée par les germes, j'ôte les paillassons et je bassine de temps en temps mon jeune plant. Dès que huit à dix feuilles se sont développées sur chaque plante, je les repique à cinq pouces de distance sur tous sens pour passer l'hiver. Comme les semis sont plus robustes que les marcottes, quelques brins de paille étendus sur les jeunes plantes suffiront pour couper les rayons solaires qui leur seraient préjudiciables en temps de gelée. Au moment du rempotage à peu près, c'est-à-dire en mars, on met définitivement ces plantes en place ; on les espace de dix pouces en tous sens ; et l'on choisit de préférence un temps humide pour faire ce travail, afin que les plantes aient moins à souffrir. On recouvre la terre d'un bon paillis, ce qui évite bien des arrosements.

DES MALADIES.

Les maladies sont aux plantes ce qu'elles sont aux animaux ; il faut aux uns et aux autres des aliments appropriés à leur organisation respective. Aussitôt qu'ils cessent d'avoir les éléments qui leur sont propres, l'équilibre est rompu et les maladies naissent : la cause en est aussi dans le trop de nourriture ; cet excès détermine à lui seul des maladies funestes.

La terre et l'eau, éléments de la vie des plantes, peuvent donc devenir une cause de mort : aussi les arrosements trop abondants, de même qu'une terre trop compacte, occasionnent la pourriture à l'œillet. Une terre susceptible de trop de fermentation produit le chancre. Ces deux maladies sont mortelles pour cette plante, et presque toujours sans remède. Les autres maladies sont peu à craindre heureusement : on en guérit les plantes en les mettant en pleine terre et en les privant d'eau. La terre de bruyère leur est très-favorable dans leur état maladif, comme pour le marcottage et les boutures, en ce qu'elle facilite un plus prompt enracinement, et donne à l'eau l'écoulement nécessaire. Une plante est-elle languissante, il faut examiner si elle est attaquée par un chancre ou par la pourriture; dans l'un et l'autre cas, on doit couper la marcotte jusqu'à ce qu'on trouve la moelle dans son état normal, c'est-à-dire blanche, et on la replante en boutures. Si c'est une autre maladie moins dangereuse, on mettra les marcottes en pleine terre, et on ne les arrosera que légèrement, jusqu'à ce qu'elles aient commencé à végéter avec vigueur. En résumé, une bonne végétation est presque toujours exempte de maladies.

INSECTES NUISIBLES.

Les insectes les plus nuisibles aux œillets sont le staphylin, les perce-oreilles, les fourmis et l'hylémia ; ils causeraient les plus grands dommages à une collection, si on ne les détruisait avec soin. D'autres insectes leur portent. encore préjudice, mais ils s'attaquent également aux autres plantes, tels que les vers gris, les chenilles, etc.; on connaît le moyen de les détruire. Nous ne parlerons que de ceux qui s'attachent particulièrement aux œillets, ou qui leur causent le plus de préjudice.

Le staphylin est un insecte noir, ailé, presque imperceptible à l'œil; ses larves sont jaunes. Il attaque particulièrement le cœur de la marcotte; alors les feuilles se roulent, jaunissent et deviennent cassantes, si l'on y touche. Cette piqûre détermine la rouille, et la rouille occasionne le chancre. Le moyen de détruire cet insecte, c'est de couper le bout des feuilles, afin d'exposer le cœur à l'air libre. On déroulera les feuilles; et on y introduira du tabac très-fin, et si les plantes sont en pot, on les mettra à l'ombre. On a contredit les bons effets du tabac pour la destruction de ces insectes : j'en ai réitéré l'épreuve, et je puis en constater l'efficacité.

Les perce-oreilles ou forficules et les fourmis s'introduisent dans la fleur pour en extraire le suc mielleux qu'elle contient; ils coupent les pétales et même les graines. Pour prévenir leurs ravages et empêcher ces insectes de parvenir aux plantes, il faudrait mettre des cuvettes remplies d'eau sous chaque pied du gradin. Si les pots étaient placés sur une simple élévation de terre, il faudrait y déposer des morceaux de bois de sureau dont la moelle serait extraite ; les insectes infailliblement s'y réfugieraient, et il serait très-facile de les détruire. On emploie ordinairement des ergots de mouton ou des pipes qu'on place sur l'extrémité des tuteurs ; mais ces objets sont fort disgracieux à la vue, et pour arriver au même résultat, il vaut beaucoup mieux avoir recours aux premiers procédés.

Pour les fourmis, on place à terre des pots ou de petites bouteilles remplis d'eau miellée, où elles viennent se noyer.

L'hylemia rustica est l'ennemi mortel de l'œillet. Il semblerait, à l'aspect inoffensif de cette mouche, que l'horticulture n'a rien à en redouter ; il en est autrement cependant. J'ai porté la plus grande attention à tous ses changements, et je me suis convaincu que les dépérissements les plus ordinaires de cette plante étaient son fait. Ses ravages se manifestent, en définitive, par la pourriture, qui ne doit être considérée que comme une cause secondaire.

Bien des amateurs distingués ont remarqué cet effet sur de jeunes semis et sur des marcottes, sans en chercher la cause positive. Il faut observer que la pourriture gagne difficilement les œillets, si les marcottes sont bien saines ; ce n'est qu'un temps constamment pluvieux, joint à une terre trop forte, qui pourrait la déterminer. Ce qui a pu donner lieu à cette opinion que la pourriture était la seule cause du dommage indiqué, c'est que l'œillet attaqué du ver que nous signalons reste, pour celui qui est peu observateur, toujours dans le même état, jusqu'à ce que la pourriture le flétrisse entièrement.

Je conviens qu'il est assez difficile d'observer la marche de l'insecte, car la galerie qu'il creuse, déjà fort étroite, en raison de sa force, se trouve rebouchée à mesure par ses excréments ; on ne peut alors s'assurer de sa présence qu'en touchant le cœur de la plante devenu blanchâtre, et qui cède au moindre contact.

J'ai observé ces vers depuis leur état de larve jusqu'à leur métamorphose en mouche ; mais ce que j'ignore encore, c'est l'instant où les mouches déposent leurs œufs sur les feuilles. Je suppose que c'est peu de temps après leur transformation jusqu'à l'automne, parce que les vers sont plus ou moins avancés ; que les chrysalides ne se transforment pas toutes à la même époque, et enfin que les mouches sont écloses à plus d'un mois d'intervalle.

Les mouches choisissent les feuilles les plus tendres pour déposer leurs œufs ; elles en font rarement deux sur la même ; ils ne sont perceptibles qu'à l'automne. Devenu larve, l'insecte se nourrit en sillonnant devant lui une galerie vers le haut ou vers le bas de la feuille, suivant sa position ; c'est là l'instant où il faut l'extraire. On suit la feuille avec l'ongle et on sent le ver sous le doigt ; on l'extirpe au moyen d'une épingle, ou en supprimant la feuille, si toutefois il ne s'est pas déjà échappé pour reprendre une autre feuille. Si on ne l'aperçoit promptement, il peut traverser le bourgeon pour suivre le tissu cellulaire jusqu'aux racines; alors, pour conserver la plante, il faut couper le bourgeon jusqu'à sa rencontre. Quelquefois, cependant, sa révolution s'achève avant d'avoir eu le temps de parvenir aux racines; alors il se fraye un passage au travers du bourgeon et tombe sur la terre, où il s'enfonce pour opérer sa métamorphose.

En 1842, j'avais recueilli une multitude de ces vers; je les avais déposés dans une terrine remplie de terre et recouverte d'une cloche. L'air pouvait se renouveler aisément par le défaut de rondeur de la cloche, sans que les mouches pussent s'échapper. Ma réussite, cependant, ne fut que partielle, parce que les rayons solaires avaient absorbé trop spontanément l'humidité de la terre, si nécessaire à leur développement. Ma mère, dont j'avais éveillé la curiosité par le rapport de mes tentatives, mit un certain nombre de ces vers dans un bocal rempli de terre; ce bocal lui-même fut enterré jusqu'à la hauteur de son contenu et recouvert ensuite d'un papier percé au moyen d'une épingle. La réussite fut des plus complètes; dans la première huitaine de mai elle eut un essaim de mouches qui remplissaient la partie supérieure de son bocal.

Au premier aspect, cette mouche ressemble à la mouche ordinaire; mais, en l'examinant avec attention, on la trouve plus blonde, plus effilée, et ayant ses pattes notablement plus longues. Ses chrysalides ne sont pas essentiellement différentes de celles de la mouche ordinaire.

Si je n'offre qu'un faible moyen qui repose uniquement sur une observation constante et assidue pour la détruire, du moins je signale sa présence et ses ravages ; c'est déjà un grand point, parce qu'un ennemi connu est moins à craindre que celui qui n'est point avoué. Du reste, ma curiosité est satisfaite : je m'imaginais voir éclore des charançons ou du moins la mouche la plus bizarre : ce qui nous fait voir que la nature cache souvent les animaux ou les insectes les plus nuisibles sous les formes les plus bénignes.

SUR L'IMPOSSIBILITÉ D'OBTENIR L'OEILLET BLEU.

Nous avons dit, dans un des précédents chapitres, que l'amour de la variété était inné dans l'homme, et qu'il se manifestait dans tous les actes de sa vie. L'horticulture surtout en présente un exemple remarquable ; nous cultivons une immense variété de fleurs ; et cependant toujours nous cherchons à en augmenter le nombre. La nature intarissable seconde nos efforts, et chaque jour nous voyons nos investigations, notre constance couronnées de nouveaux succès, soit que, par une fécondation raisonnée, nous voulions changer l'aspect de la plante, ou obtenir un coloris différent. C'est en grande partie à ce besoin de renouveler nos jouissances que l'horticulteur professionnel doit sa gloire et ses succès. C'est ce besoin qui forme les amateurs passionnés, qui donne à la culture des fleurs un attrait si puissant et si durable. Mais là, comme en toute chose, on voit l'amour des fleurs dégénérer parfois en monomanie; quelques amateurs peu réfléchis dédaignent le résultat de leur labeur, et au lieu de continuer le cours de leurs conquêtes, ils dépensent leur activité et leur intelligence à la recherche d'une autre pierre philosophale; ils veulent ce qui ne peut être; ils appellent de tous leurs vœux le DAHLIA, la ROSE ou l'ŒILLET BLEUS! et cela parce que, dans ces genres de plantes, quelques-unes ont donné des fleurs offrant des nuances souvent incertaines de violet-bleu, de gris-perle, ou de flamme de punch. Cette coloration en bleu, des fleurs que je viens d'indiquer, serait un phénomène en dehors de toute donnée chimique.

Le hasard fit découvrir que soumis à de certaines conditions, l'*hortensia* se colorait en bleu; après un examen préalable sur la nature du sol où il se montrait ainsi, on a cru reconnaître que cette coloration était due à la présence du peroxyde de fer; on a cru encore qu'à l'aide de cet agent beaucoup d'autres fleurs deviendraient également bleues; aussi beaucoup d'amateurs et de praticiens distingués s'emparèrent de cette idée, et la poursuivirent avec

opiniâtreté; néanmoins, après de laborieuses re-
cherches, après bien des années d'observation, on
a pu se convaincre qu'on n'avait pas avancé d'un
pas. En supposant que des agents alcalins, ou les
agents acides, auraient pu modifier la coloration,
quel en aurait été le résultat puisque cette coloration
était artificielle, et qu'elle n'était point adhérente
au principe de la plante? On n'aurait certainement
pu conclure de ce résultat un fait utile, inaltérable,
qui eût acquis à la science horticole une variété
bleue, puisque le végétal, une fois privé de son
principe colorant artificiel, abandonne aussitôt sa
couleur factice pour reprendre celle qui lui est
naturelle?

Ainsi, le prestige tombe et s'efface. Cependant,
après bien des déceptions, quelques rares amateurs
de la rose et de l'œillet bleus survivent; mais pour
détruire complétement leur illusion sur la possibilité
de les obtenir, nous leur transcrivons la remarque
de Decandolle, et de plus un article extrait du
Traité du Dahlia, par M. Augustin Legrand, sur la
coloration de cette plante.

Voici, en premier lieu, la remarque de M. Decandolle :

« La variation des couleurs dans le dahlia étant
du pourpre au jaune, on n'obtiendra jamais par la
culture des variétés bleues; c'est en effet une observation générale que « le jaune et le bleu semblent
être des types fondamentaux des couleurs des fleurs,

et s'excluent mutuellement. » Le jaune passe souvent au rouge ou au blanc, mais jamais au bleu ; et de la même manière, les fleurs bleues se changent par les semis du rouge au blanc, mais jamais au jaune. »

La constance d'un même système de coloration dans une même plante donne lieu de croire que chaque plante a un type de coloration qui, en se modifiant, donne naissance aux variétés, lesquelles variétés appartiennent toujours à une série provenant directement du type.

Pour bien faire comprendre ceci, il suffira de dire que la couleur se compose de trois types ou couleurs primitives : *le rouge*, *le jaune*, *le bleu*. Ces trois types, en se combinant deux par deux, produisent trois autres types intermédiaires, que l'on nomme couleurs *binaires* ou composées.

Ce sont l'orangé, formé du rouge et du jaune ; le vert, formé du jaune et du bleu, et le violet, formé du bleu et du rouge. Les nuances résultent des diverses proportions des mélanges. Les tons clairs ou foncés sont des modifications apportées par des éléments particuliers, qui sont le noir ou le blanc. Ainsi une couleur claire est plus blanche qu'une couleur franche ; une couleur foncée est plus noire que cette couleur franche.

Ceci posé, disons un mot de l'influence des agents chimiques sur la coloration ou la décoloration des fleurs. L'acide sulfurique rougit la teinture de violette qui est bleue, comme on sait. La potasse la verdit; or, dans le premier cas, le bleu est modifié par le rouge; dans le second, il est modifié par du jaune. Comme ces deux actions sont diamétralement opposées, il faut en conclure, qu'une seule des deux agit sur une plante donnée, et produit une série de modifications dont les limites sont bornées par des modifications produites par l'agent contraire... Prenons des exemples.

Les ancolies, les pieds d'alouettes, les jacinthes sont communément bleues; c'est-à-dire que le bleu est la couleur fondamentale de ces trois espèces. Supposons un agent acide agissant sur leur coloration. L'acide fera passer la couleur du bleu au rouge par tous les intermédiaires du violet, sans dépasser le rouge normal, c'est-à-dire à l'exclusion de la couleur jaune. Car si cette couleur se produisait, c'est que l'agent *alcalin* aurait remplacé l'agent *acide*, puisque leur action ne saurait être simultanée. Eh bien, il n'y a pas d'ancolie, de jacinthe, ni de pied d'alouettes jaunes ou écarlates. Nous croyons donc que chaque plante a reçu en partage une couleur type que se disputent alternativement les agents alcalins et les agents acides.

Nous disons que dans les plantes, dont la coloration appartient aux séries rouge, orangé et jaune, il ne saurait s'y rencontrer des variétés bleues, parce que probablement la cause, qui les a faites jaunes, peut être modifiée par un agent qui leur donnerait du rouge, mais jamais par une cause qui produirait le bleu, parce que cette cause étant inverse, ne saurait agir simultanément sans qu'il en résultât une décoloration complète. Nous ne saurions dire si c'est précisément cette simultanéité de deux causes inverses qui produit les floraisons blanches, mais nous insistons sur le fait, savoir : que les fleurs à types bleus n'ont jamais de variétés écarlates, orangées ou jaunes, parce que ces couleurs sont antagonistes avec le bleu.

En résumé, l'on peut dire avec assurance que toute l'échelle de coloration d'une plante, si riche qu'elle soit en variétés, n'est qu'une suite non interrompue de nuances de deux types se perdant l'un dans l'autre. Le blanc est, ou un affaiblissement prolongé des modifications roses, ou bien une neutralisation de coloration résultant de l'antagonisme des deux principes décolorants, voulant agir simultanément et emportant la coloration dans leurs propres ruines.

Le blanc sert de lien pour fermer la série en joignant les deux extrémités. Ce sera donc une chaîne brisée à laquelle manqueront les anneaux violet bleu, bleu, vert bleu, vert, vert jaune, et dont on aura soudé les deux bouts. Nous ne prétendons pas expliquer le fait, nous voulons seulement montrer par les deux exemples que le bleu et les séries écarlates, orangées et jaune vif, ne peuvent se rencontrer. Citons un dernier exemple qui confirmera le premier. La rose parcourt toutes les séries du dahlia, et il n'existe pas de rose bleue.

Parlons des fleurs à types constants , le barbeau , la bourrache, n'ont point de variétés jaunes. Les soucis, les œillets d'Inde, les coréopsis n'ont point de variétés bleues. C'est donc assez pour nous autoriser à croire que la coloration est soumise à deux actions contraires , dont l'une ne peut se manifester qu'en neutralisant plus ou moins, ou complétement, celle qui lui est opposée. D'après cet aperçu, il est difficile de croire que la culture la plus intelligente puisse contrarier ou contraindre cette chimie de la nature.

M. le docteur Haller a reconnu un principe colorant chimique dans le dahlia. Il a envoyé à la Société d'agriculture de Paris une note sur ce principe colorant. Il a trouvé que ce principe est toujours rouge, quelle que soit la couleur des fleurs, et il est analogue au principe colorant de la cochenille. Il est fixe et d'autant plus abondant que la couleur des fleurs est foncée. L'auteur pense que le dahlia mérite sous ce rapport d'être cultivé, et que la couleur qu'on en extrait pourra être très-utilement appliquée.

On voit donc que le bleu pur , dans l'œillet, est un contre-sens naturel qui ne pourra exister quoi qu'en dise **M.** le baron de Ponsort.

DES ÉTIQUETTES.

Avant de terminer ce petit traité, je vais faire connaître les étiquettes dont je me sers pour ma collection d'œillets. Beaucoup d'amateurs disent : que les plantes soient étiquetées ou numérotées, cela est indifférent. Je soutiens que le numérotage seul n'est pas suffisant : on n'a qu'un chiffre dans la mémoire; mais le nom que l'on y joint rappelle mieux l'image de la plante, et sa recherche en est aussi plus facile. Les étiquettes avec des chiffres et des noms seront donc à préférer, mais il faut qu'elles soient assez peu dispendieuses pour pouvoir être renouvelées ou changées suivant le besoin. Celles de terre cuite quelconque sont dispendieuses et ne peuvent supporter aucune modification; celles de bois se pourrissent rapidement et sont souvent peu uniformes. J'avais trouvé que les étiquettes de verre remplissaient la condition d'économie, mais elles se cassent facilement, et si on n'a pas à regretter leur perte, on a bien à se plaindre de voir des plantes qui ont perdu leur signe de reconnaissance, et la collection décomplétée pour ainsi dire, puisque l'on ne reconnaît plus les individus qui la composent. Le zinc est la seule matière qui m'ait paru convenir. Après lui avoir donné, avec de petites cisailles, la forme voulue, je l'enduis d'une couche de blanc de céruse délayé avec de l'huile et de l'essence de térébenthine ; quelques jours après, on peut écrire dessus avec un crayon.

On peut n'enduire qu'un côté de l'étiquette, et réserver l'autre pour y tracer des caractères avec une encre ainsi composée :

Vert de gris.	2 parties,	
Sel ammoniac en poudre. .	2	—
Noir de fumée.	1	—
Eau. . . . , ...	10	—

On délaye le noir de fumée dans un petit verre d'esprit de vin, puis on mêle le tout ensemble, de manière à ce que toutes les substances soient bien écrasées et incorporées. On tiendra la bouteille bien bouchée. Cette encre s'allie si bien au métal, qu'au bout de quelques heures on ne peut plus l'enlever à moins de frotter les caractères avec de l'acide hydrochlorique (esprit de sel), ce que l'on fait si on veut écrire de nouveau.

CLASSIFICATION DES ŒILLETS.

NOUVELLE

CLASSIFICATION DES OEILLETS.

Parmi les fleurs qui méritent les soins et la sollicitude des amateurs, il n'en est point que l'on puisse préférer à l'œillet, ni même lui comparer, si l'on en excepte la rose. Comme cette dernière, l'œillet a l'élégance des formes, la grâce des contours, les suaves émanations du plus doux parfum; mais il n'a pas d'épines! sa floraison a aussi beaucoup plus d'ensemble, ses couleurs sont plus vives, plus agréablement distribuées, beaucoup plus richement nuancées, et, sous ce dernier rapport, il ne le cède pas à la tulipe, si belle, mais si vite flétrie et sans odeur. Aux yeux de l'homme sans prévention, l'œillet l'emporte de beaucoup sur toutes les autres plantes de collection, telles que camellia, dahlia, renoncule, etc.

Il nous a donc paru que le temps était venu de classer les nombreuses variétés de cette charmante fleur, à l'aide d'une méthode nouvelle, invariable, agréable et facile. On conçoit aisément que, à propos d'une classification de variétés jardinières, nous n'avons pas eu la prétention de faire de la botanique, et encore moins de la science, qui, dans ce cas, eût été parfaitement inutile. Nous avons voulu seulement créer une nomenclature fixe, non arbitraire, et qui présentât en elle-même les principaux caractères de chaque fleur, sans autre description que le nom de méthode de celui de dédicace, comme nous l'expliquerons plus loin. Si notre classification est adoptée, il en résultera nécessairement que les catalogues donneront aux amateurs une idée nette de la fleur qu'ils désireront posséder, et qu'ils ne pourront jamais se tromper sur l'objet de leur demande.

En effet, les catalogues publiés jusqu'ici ne peuvent être regardés que comme de simples *memorandum* sans ordre ni principes, où les noms sont arbitrairement imaginés, les descriptions vagues quand il y en a, le tout fait comme au hasard et selon le caprice de chaque horticulteur ou amateur, sans que rien puisse aider la mémoire quand il s'agit de se retrouver au milieu de cette confusion de noms, qui le plus souvent pour être pompeux n'en sont pas moins insignifiants. La nouvelle classification que nous présentons a pour but de rappeler la synonymie à une unité de principe qui mettra en concordance tous les catalogues, et nous la croyons à la fois méthodique et mnémonique. C'est donc une idée neuve que nous présentons ici. Cependant, en donnant le sommaire de cette classification, nous ne prétendons pas la faire prévaloir sans la motiver, et c'est ce que nous allons essayer.

EXPLICATION DE CETTE CLASSIFICATION.

§ 1er. *Division des œillets partagés en quatre groupes.*

Autrefois on n'admettait généralement que deux divisions, dans lesquelles on classait les nombreuses variétés de l'œillet des fleuristes : la première et la plus estimée alors, renfermait les œillets flamands; la seconde, les œillets de fantaisie, et tout ce qui n'était pas régulièrement flamand était réputé fantaisie. Nous n'avons pas besoin de dire combien cette classification était insuffisante, puisque les amateurs eux-mêmes le sentaient parfaitement. Aussi avaient-ils essayé de faire quelques subdivisions; mais ces groupes étaient fondés sur des caractères si légers, si variables, qu'on fut bientôt obligé d'y renoncer.

Depuis que ma classification a été publiée, un de mes confrères, dans le dessein de la perfectionner à sa manière, a classé les œillets dans un ordre qui diffère un peu de ce que j'ai établi; quelques dénominations ont été changées sans motif préalable. Je ne puis attribuer ces modifications qu'à un intérêt particulier. En effet, pourquoi consacrer l'expression d'*avranchais* aux individus de couleur chamois ?

Avranches ne fournit pas plus de ces œillets que tout autre lieu, a-t-il pris naissance dans ce pays? voilà ce qui n'est pas justifié ; au contraire toutes les parties de la France peuvent fournir cette couleur. Les premiers œillets chamois introduits en France nous sont venus d'Allemagne.

Pourquoi appellerait-on les œillets bordés régulièrement *œillets anglais*, puisqu'on les obtient également tout autre part? C'est donc pour doter l'Angleterre au détriment de notre pays, ou pour donner à la fleur plus de valeur à proportion de l'éloignement du lieu où elle a pris naissance? Puisque ces œillets bordés sont ou jaunes ou blancs, etc., pourquoi ne pas les admettre à l'un des groupes auxquels ils appartiennent par leur couleur, avec la simple dénomination de *bordé*? Si on voulait établir un groupe pour chaque caractère, il en faudrait quinze au lieu de quatre que j'ai établis.

M. le baron de Ponsort se donne moins de peine pour classer : il suit les divisions établies dans un ouvrage très-connu, mais dont la nomenclature est ancienne, dans la crainte sans doute d'avoir, d'une part, à reconnaître à l'œillet *fantaisie* trop de variétés, ou pour faire opposition complète avec le temps. Comme l'article en question n'a subi aucune modification depuis peut-être 20 ans qu'il est fait, il s'ensuit qu'il n'en a que plus de mérite pour M. le baron; cependant, nous ne sommes pas restés stationnaires depuis cette époque. Je dois cependant rendre justice à sa classification des flamands; elle est fort minutieuse, il est vrai, elle caractérise parfaitement l'amateur exclusif de cette plante, mais comme je m'occupe *de l'œillet en général*, et que tous les genres me semblent également dignes de plaire aux amateurs, je m'occuperai plutôt des divisions générales que de leurs subdivisions, libre à ceux qui préféreront un genre plutôt qu'un autre, d'établir et d'en multiplier les subdivisions s'il y a lieu; mais je me garderai d'abuser de la mémoire et de la patience des amateurs.

Plus une collection de fleurs est considérable, plus elle exige d'ordre et de méthode, afin de ne pas confondre les unes avec les autres les nombreuses variétés qui la composent. Or, au grand désappointement des amateurs et des cultivateurs, c'est principalement par le défaut d'ordre que pèche l'ancienne classification. Des noms ambitieux, tels que *princesse Hélène*, *empereur de Russie*, *grand sultan*, etc., n'ont aucun sens relativement à la variété, qu'ils ne désignent que comme pourrait le faire un simple numéro; ils n'indiquent ni son origine, ni son caractère ni sa couleur, et si parfois un de ces noms est accompagné de la désignation de strié ou linéé, mordoré, violacé, etc., on n'en est guère plus avancé, car ces épithètes peuvent appartenir à la fois à cinquante fleurs très-différentes du reste. Il en résulte que le *grand sultan* et l'*empereur de Russie*, quoique pouvant être fort beaux, restent, malgré leurs noms pompeux, inconnus aux amateurs et enfouis pour toujours dans la collection de l'horticulteur qui les a obtenus.

Voici un autre inconvénient de ces noms d'autant plus insignifiants qu'ils sont plus brillants : c'est qu'ils peuvent venir à la fois dans l'esprit de plusieurs cultivateurs qui les appliquent à plusieurs plantes différentes, ce qui ne contribue pas peu à augmenter la confusion.

Le difficile, pour créer une bonne classification, était de trouver un caractère invariable, sur lequel on pût établir des divisions sûres. Noùs avons trouvé ce caractère dans la couleur, et notre expérience dans la culture des œillets nous porte à croire qu'il n'en existe pas d'autre aussi fixe que celui-ci. Comme toutes les fleurs, l'œillet a un type de couleur, soit que cette couleur soit unique ou seulement dominante. Dans le cas où elle est unique, la fleur n'est pas très-estimée à cause de son uniformité ; mais cette couleur n'en est pas moins le fond invariable sur lequel viendront se fondre, se mélanger, d'une manière plus ou moins harmonieuse, les nombreuses nuances formant les variétés.

Ainsi donc, c'est sur la considération de la couleur dominante, formant le fond de la fleur, que nous avons établi nos divisions, ainsi qu'il suit :

Premier groupe. Les rouges.

Deuxième groupe. Les jaunes. Ce groupe se subdivise en deux tribus, savoir : les jaunes proprement dits et les chamois.

Troisième groupe. Les blancs. Ce groupe se subdivise en quatre tribus, savoir : les fantaisies, les flamands, les bichons et les sablés.

Enfin, le quatrième groupe, les ardoisés.

§ 2. *Des noms méthodiques.*

Dans le paragraphe précédent nous avons dit que le même nom peut être donné à plusieurs œillets différents obtenus dans diverses localités. Mais il arrive plus fréquemment encore que la même variété, obtenue par plusieurs cultivateurs dans des établissements différents, ait autant de noms qu'elle a de propriétaires qui s'en regardent comme les créateurs, si je puis me servir de cette expression : chacun d'eux, ignorant que cette variété venait d'être trouvée par un autre, s'est cru suffisamment autorisé à la baptiser à sa fantaisie en la trouvant dans ses semis. Voilà bien certainement une source intarissable d'erreurs préjudiciables au commerce, et de vives contrariétés pour les amateurs. Que l'un d'eux demande à un horticulteur une ou plusieurs variétés sous des noms qui leur ont été imposés par tel ou tel catalogue, cet horticulteur croit les reconnaître, mais sous d'autres noms, et alors, par délicatesse, il hésite.... Cependant..... les fleurs demandées sont bien réellement sous sa main. Voilà un fait qui peut faire attribuer à la mauvaise foi des erreurs occasionnées seulement par le manque d'unité, d'accord, dans les dénominations primitives.

Néanmoins, la plupart des noms avec lesquels on désigne aujourd'hui les œillets ajoutent souvent, si ce n'est pas à leur mérite, au moins à leur prix; nous nous garderons donc de les supprimer, et nous les ferons au contraire tourner au profit de notre méthode, c'est-à-dire que nous ne les emploierons que comme noms de dédicace. Par ce moyen, nous remédierons aux inconvénients qui, trop souvent, compromettent injustement l'honneur du cultivateur, en faisant naître des doutes offensants dans l'esprit des collectionneurs. Cette raison seule, ce nous semble, serait suffisante pour faire désirer un langage synonymique qui serait unique et pourrait être compris et parlé par tout le monde.

Nous croyons avoir atteint ce but en établissant ainsi notre méthode:

Chaque variété pourra avoir deux noms, premièrement celui qui devra indiquer le groupe auquel elle appartient, et ce nom invariable sera le nom *méthodique;* secondement le nom ancien, si c'est une ancienne variété, ou un nom de dédicace qu'on lui imposera selon la fantaisie.

Le nom *méthodique*, devant indiquer à quel groupe une variété appartient, ne peut être arbitrairement donné, et c'est là le principe de notre méthode. Voici comment nous l'établissons.

1ᵉʳ *Groupe.* Le nom méthodique ne pourra être

emprunté qu'à l'Ancien Testament, et ce nom par cela seul indiquera que la couleur dominante de l'œillet est le rouge.

2ᵉ *Groupe.* Le nom méthodique sera emprunté à la géographie, et annoncera ainsi que le fond de l'œillet est jaune. Ce groupe ayant deux tribus, on choisira un nom emprunté à l'histoire naturelle pour indiquer le fond chamois de l'œillet, qui appartient à la seconde tribu.

3ᵉ *Groupe.* Le nom sera inventé par le caprice ou la fantaisie, sans autre règle que celle de n'appartenir ni à l'Ancien Testament, ni à la géographie, ni à l'histoire naturelle, ni à la mythologie grecque, pour ne pas faire confusion avec les autres groupes. Avec ces conditions, le nom méthodique indiquera que l'œillet appartient aux fonds blancs. Néanmoins, ce groupe renfermant quatre tribus, dont une, celle des flamands, a de l'importance, le nom méthodique de cette tribu sera emprunté à l'histoire.

4ᵉ *Groupe.* Le nom méthodique sera emprunté à la mythologie grecque et romaine, et indiquera que l'œillet a le fond ardoisé.

Par exemple, j'ouvre un catalogue et je trouve un nouvel œillet coté sous le nom de Moïse : cela m'indique qu'il appartient aux fonds rouges, parce que ces œillets seuls ont le droit de porter un nom pris dans l'Ancien Testament ; s'il porte le nom de caméléon, c'est un chamois ; si on lui a imposé celui de Pline, c'est un flamand, etc., etc.

Voilà déjà un grand pas de fait , une grande difficulté aplanie.

§ 3. *Des noms de dédicace.*

C'est un bonheur pour qui voit éclore une belle fleur d'en faire hommage à un ami ou à un personnage honorable. Ce sentiment est trop louable pour ne pas trouver ici sa place ; un surnom de dédicace pourra donc suivre immédiatement le nom méthodique. Ce surnom , comme tant d'autres , pourra faire estimer davantage la fleur qui le portera ; il existe nombre d'Alexandre et de Louis , et cependant il n'est qu'un Louis , qu'un Alexandre, qui soit décoré du surnom de grand , qu'un Philippe qui soit couronné. Il sera toujours une gloire pour la fleur ; mais, connu ou inconnu , il ne pourra devenir un sujet de contrariété pour l'amateur, ni d'erreur pour le cultivateur, ni d'oubli pour la fleur même , puisque son nom méthodique la fera connaître.

Lorsque le nom méthodique de Josué précède celui du général Foy, que celui de la Seine sera suivi du comte de Rambuteau , que celui de Charmant soit accolé à celui de Rossini , quel inconvénient pourra-t-on trouver à cela? Qui pourra nous blâmer en voyant le nom de mademoiselle Grisi , ou de madame Damoreau-Cinti , suivre le nom méthodique de nos amours ? Tout ceci deviendra un jeu d'esprit que l'à-propos , l'imagination et quelquefois le cœur rendront très-agréable ou très-intéressant.

§ 4. *Sur la description des œillets.*

Jusqu'à présent on s'est contenté , relativement à la description des variétés de l'œillet , d'employer des expressions vagues , telles que celles de *rayés* , *linéés*, *tracés*, *striés*, *picotés*, qui sont bien loin de suffire aux besoins, car ces expressions ne sont pas suffisamment précisées. Il serait difficile d'en créer de nouvelles qui fussent capables de faire reconnaître une variété par la description qu'on en aurait faite, et pourtant ce sont ces dispositions de lignes ou de points qui font les caractères différentiels de chaque fleur, qui la rendent si intéressante et qui lui donnent quelquefois un prix inestimable aux yeux de l'homme de goût. Pour obvier à ce grave inconvénient, et pour ne laisser aucun doute sur l'identité de chaque variété , il n'était qu'un moyen , celui de parler à la fois aux yeux et à l'esprit. En conséquence , nous avons fait dessiner et graver un tableau dans lequel sont figurées toutes les formes de pétales et tous les accidents de couleurs qu'ils peuvent éprouver. Ainsi l'amateur qui verrait , je suppose , sur mon catalogue : la perle , flammé , aigretté , bordé , saurait déjà par son nom méthodique que l'œillet appartient aux chamois , et en recourant à notre tableau des pétales, il verrait un exemple du pétale flammé aigretté et du pétale bordé. Ceci ne lui laisserait donc aucune indécision dans l'esprit, et il pourrait se figurer parfaitement l'œillet sans le voir.

Cependant, avec la forme des lignes et des stries, avec la place qu'elles occupent, il lui resterait encore à connaître la nuance positive de la fleur, et c'est ce dont nous allons nous occuper dans le paragraphe suivant.

§ 5. *De la couleur.*

On a vu par la distribution de nos groupes que les œillets se trouvaient naturellement divisés en fond rouge, jaune, chamois, blanc et ardoisé, mais ces couleurs varient prodigieusement dans leurs nuances; et cependant ces variétés de teintes sont indispensables à connaître, parce qu'elles caractérisent la plupart des œillets. Par des mots il est impossible de peindre à l'esprit des nuances quelquefois très-fugitives, et cette difficulté a toujours fait le désespoir de l'horticulteur. Il n'était qu'un moyen d'y remédier, c'était d'agir comme nous avons fait pour les pétales, c'est-à-dire de parler à la fois aux yeux et à l'esprit : en conséquence nous avions dressé, dans notre première édition, un tableau chromatique de couleurs, qui servait à déterminer les accidents de coloration susceptibles d'embellir un œillet, de même que la couleur du fond de chaque plante. On pouvait aisément comparer la fleur qu'on voulait décrire avec la nuance du tableau , qui offrait le plus de similitude avec elle. Comme chaque teinte avait son numéro d'ordre , un numéro placé immédiatement après une courte description dans notre catalogue, désignait sa nuance. Mais ce moyen tout ingénieux qu'il était , malgré l'amélioration sensible qu'il apportait dans les descriptions , nous nous sommes vu obligé de l'abandonner à cause de la difficulté que présentait la gamme de couleurs dans sa parfaite exécution par l'enlumineuse. Nous avons donc été obligé de revenir aux dénominations en usage pour déterminer la couleur de nos plantes. On conçoit que de nommer les couleurs par leur nom est une chose fort vicieuse , puisque, pour déterminer les nuances de ces couleurs, on est obligé de se servir de points de comparaisons souvent très-variables par leur nature , exemple : rouge cerise , abricot, couleur café , rouge brique, acajou, gorge de pigeon , etc. , etc.

RÉSUMÉ.

En donnant à cette classification une clarté que les autres n'eurent jamais , notre intention a été de la rendre utile et facile aux amateurs et aux cultivateurs. Il en résultera que les gens du monde n'ayant plus à se plaindre de la difficulté qui hérissait cette branche aimable de l'horticulture , s'y livreront avec plus de plaisir et en plus grand nombre. Ceux-ci y gagneraient du plaisir, le cultivateur serait encouragé ; mieux récompensé de ses soins , de son industrie , il marcherait avec plus d'assurance dans cette voie de progrès.

Notre méthode peut également s'appliquer à toutes les plantes nombreuses en variétés , quoique nous ne l'ayons employée que pour notre spécialité , qui met tous ses avantages en évidence. En effet , si d'après notre méthode on nomme une plante , la mémoire opère sans effort , et par la pensée on se représente la forme de la fleur ; sa couleur et ses accidents , d'après le tableau. Nous allons en donner un exemple.

La Seine , — le comte de Rambuteau , — convergent pointillé , — (rouge rose). Le nom géographique de la Seine place cet œillet parmi les fonds jaunes ; les mots pointillé convergent, que l'on trouve sur le tableau des pétales , montrent que ceux-ci ont des stries convergentes, c'est-à-dire qu'elles viennent du bord du pétale pour finir vers le milieu du limbe et qu'elles sont entremêlées de points.

Lorsqu'un amateur ou un cultivateur obtiendront un individu nouveau, ils se plairont à le classer méthodiquement, et leur jouissance deviendra complète et facile. Heureux si je peux contribuer à rétablir l'unité là où règne aujourd'hui la confusion, et rendre plus intelligible, en la simplifiant, la langue de l'horticulture!

On trouvera dans mon établissement, non-seulement les œillets et les pensées à grandes fleurs, que je cultive spécialement, mais encore une collection d'auricules, de roses trémières, de phlox, de roses, et un assortiment de plantes de pleine terre et de serre.

OBSERVATION

SUR LA NATURE DES STRIES QUE COMPORTENT

LES ŒILLETS.

Pour qu'une description soit assez exacte et suffisante, il faut non-seulement que les caractères soient décrits d'une manière précise , mais il faut encore indiquer de quelle nature sont les stries.

Je les divise ainsi qu'il suit : en *larges*, *moyennes* et *capillaires*.

On appelle *chargés* les œillets dont les stries sont si nombreuses et si serrées, qu'elles ne forment qu'une masse confuse de couleurs.

———

EXEMPLE DE LA NOUVELLE CLASSIFICATION,
ou *Modèle d'un Catalogue d'après cette méthode.*

NOMS INVARIABLES ou de méthode.	NOMS ANCIENS ou de dédicace.	DESCRIPTION des caractères de chaque variété.	COULEUR ET NUANCES des caractères.
PREMIER GROUPE : ROUGE. — *Noms de méthode empruntés à l'Ancien Testament.* Ce groupe n'a pas de sous-groupe ; le violet et le rose sont considérés comme rouge. CARACTÈRES : *Entier, unicolore ou rubané de diverses nuances de rouge.* Les unicolores, se reproduisant fréquemment, on les estime peu généralement. Il faut qu'un œillet soit bien parfait pour motiver son adoption.			
1. Laban.		Rubanné.	Pourpre.
2. Moïse.		Unicolore.	Rose.
3. Jacob.		Rubanné.	Rouge.
4. Jérémie.		Rubanné.	Marron.
5. Salomon.		Unicolore.	Violet.
6. Josué.		Pointillé.	Rose.
Nous avons dit que le nom de méthode était seul nécessaire, car le second nom peut être celui sous lequel un œillet était connu, ou quelquefois le nom de la personne qui l'a obtenu ; ou bien encore celui d'une dédicace récente. Cette latitude que nous laissons, d'ajouter un second nom, est pour faciliter l'adoption de notre méthode.			
DEUXIÈME GROUPE : JAUNE. — *Noms de méthode empruntés à la géographie.* CARACTÈRES : *Entier ou dentelé, entier plus estimé.* — Deux sous-groupes, les jaunes et les chamois. 1° *Les jaunes.*			
7. Le Gange.	La Reine Dona Maria.	Bordé.	Vermillon.
8. La Tamise.	La Reine Victoria.	Bordé.	Rouge orange.
9. Rome.	Horace Vernet.	Aigretté isolé.	Amarante.
10. Le Mont St.-Bernard.	Bonaparte.	Liséré groupé.	Rouge cerise.
11. La Seine.	Le Comte de Rambuteau.	Convergent pointillé.	Violet.
12. Anvers.	S. A. R. le duc d'Orléans.	Liséré, aigretté, pointillé.	Pourpre.
2° *Les chamois.* — *Noms de méthode empruntés à l'histoire naturelle.* CARACTÈRES : *Presque toujours flammé et dentelé.*			
13. La Perle.	Ad libitum.	Flammé, bordé.	Rouge orange.
14. Le Chêne.	Alexandre Brongniart.	Liséré, pointillé.	Rouge orange.
15. La Mésange.	Mademoiselle Nau.	Flammé, pointillé.	Brique.
16. Le Basalte.	Ad libitum.	Flammé, épars.	Abricot.
17. Le Cerf.		Flammé, convergent	Acajou.
18. Le Caméléon.		Aigretté, bordé.	
TROISIÈME GROUPE : BLANC. — *Noms de méthode dictés par le caprice.* — Quatre sous-groupes, fantaisies, flamands, bichons et sablés. 1° *Fantaisies.* — CARACTÈRES : *Entier ou dentelé, entier plus estimé.*			
19. Le Gracieux.	Fanny Essler.	Convergent liséré groupé.	Rouge brique.
20. Le Beau-Idéal.	Loïsa Puget.	Convergent partagé.	Violet.
21. Ma Pensée.		Aigretté bordé.	Amarante.
22. La Noblesse.	Vicomtesse Héricart de Thury.	Aigretté.	Rouge orange.
23. Trésor d'Esprit.	Mad. Émile de Girardin.	Liséré bordé épars.	Rose vif.
24. Le Satirique.	Alphonse Karr.	Plein liséré.	
2° *Les Flamands.* — *Noms empruntés à l'histoire.* CARACTÈRES : *Rubanné de diverses couleurs sur un fond blanc, exigé très-pur. Les pétales doivent être sans aucune dentelure.*			
25. Titus.	S. M. Louis-Philippe.	Ce groupe est exclusivement rubanné, uni ou de diverses couleurs.	Rose.
26. Pline.	M. de Mirbel.		Rose vif.
27. Aristarque.	M. Jules Janin.		Feu et marron.
28. Cicéron.	M. Berryer.		Pourpre.
29. Alexandre.	Ad libitum.		Amarante.
30. Aristote.	M. Boitard.		
Les troisième et quatrième sous-groupes, les bichons et les sablés, étant peu nombreux, seront des appendices et prendront la même source de noms que les fantaisies, jusqu'à ce que leur nombre soit assez considérable pour mériter des séries de noms particuliers. Les sablés comportent à peine 8 à 10 variétés, et les bichons 12 à 15. — *Caractères des bichons :* Lavé au centre du pétale, presque toujours dentelé. — *Caractères des sablés :* Entier ou dentelé pointillé de diverses couleurs.			
QUATRIÈME GROUPE : ARDOISÉS. — *Noms empruntés à la Fable.* CARACTÈRES : *Assez généralement dentelé, flammé de reflets métalliques, ou rubanné de rouge, ou quelquefois pointillé.* Ce groupe n'a point de sous-groupe, quoiqu'il eût été possible de le diviser en trois sous-groupes : ardoisé rouge, jaune et blanc. Nous avons préféré n'en faire qu'un seul groupe pour ne pas embarrasser la mémoire.			
31. Neptune.	Prince de Joinville.	Rubanné.	Punch.
32. Apollon.	Lamartine.	Rubanné pointillé.	Feu.
33. Minos.	De Portalis.	Flammé convergent.	Rouge cerise.
34. Cupidon.	Le Comte de Paris.	Pointillé flammé.	Feu.
35. Minerve.	La Princesse Adélaïde.	Rubanné.	Feu vif.
36. Terpsichore.	Taglioni.	Flammé pointillé.	Brique.

RAPPORT

DE

LA SOCIÉTÉ ROYALE D'HORTICULTURE.

Nouvelle classification et nouvelle nomenclature des variétés de l'OEillet des fleuristes, Dianthus Caryophyllus, *par M.* Ragonot-Godefroy.

De nombreux et bienveillants rapports ont été faits sur notre méthode pour en constater le mérite et l'utilité, soit dans la presse parisienne, soit dans les Sociétés d'horticulture françaises ou étrangères. Nous avons reçu à cause de cette classification de nombreux témoignages de sympathie et de considération de ces Sociétés , comme des personnages les plus éminents par leur savoir ou leur position. Nous ne croyons pas utile de les reproduire , nous en parlons seulement pour en justifier la possession et consigner ici l'hommage de notre profonde gratitude envers d'honorables protecteurs qui encouragent ainsi nos travaux. Nous laissons subsister seulement ceux de ces témoignages qui ont paru avant notre ouvrage, et que nous avons pu y consigner lors de son impression. Voici le Rapport de la Société Royale.

Dans la séance , du 3 février dernier, de la Société
d'horticulture , M. Ragonot-Godefroy lui a lu un
travail fort intéressant sur une nouvelle classification
et sur une nouvelle nomenclature des Œillets, afin
de rendre plus faciles la connaissance et la distinction des nombreuses variétés de ce beau genre , et
de donner aux amateurs les moyens de reconnaître
si c'est bien en effet la variété de leur choix qui leur
a été livrée sous tel ou tel nom. En homme studieux ,
jeune et ardent , aimant passionnément les Œillets,
qu'il cultive avec prédilection , et désirant faire faire
des progrès à la science de l'horticulture, M. Ragonot
a été frappé du peu d'accord qu'il y a dans la nomenclature des Œillets, et des désagréments qui en résultent et pour le vendeur et pour l'acheteur ; il a donc
étudié sous tous les rapports , et pendant plusieurs
années, sa nombreuse collection d'Œillets , et est
parvenu à reconnaître que tous les Œillets peuvent
être divisés en quatre classes, fondées sur la couleur
dominante ou fondamentale des pétales. Ensuite il
est entré dans les détails de l'arrangement que pren-
nent , sur un Œillet , les bandes , les lignes , les
franges , les stries , les points ; il est parvenu à
former seize caractères secondaires , qui peuvent se
combiner et former une infinité de caractères qu'on
peut exprimer en peu de mots. Arrivé à ce point ,
M. Ragonot ne fut pas encore satisfait; il savait que
le nom des couleurs n'est pas le même pour tout
le monde , qu'entre une couleur et une autre il y a

des nuances qui n'ont pas de nom ou que chacun exprime à sa manière , sans espérance d'être bien compris. Pour remédier à cet inconvénient , M. Ragonot a recouru à sa collection : il a fait imiter par un peintre habile les nuances de ses Œillets, et en a formé une *gamme*, qu'il place en tête de son catalogue.

Quant à la nomenclature des Œillets, M. Ragonot respecte ce qui est établi, quoiqu'il y ait beaucoup à dire ; mais il fait précéder chaque nom reçu et admis d'un nom primordial , invariable, tiré : 1° de l'Histoire Ancienne ; 2° de la Géographie; 3° des noms qualificatifs; 4° de la Mythologie, etc.

Cette méthode, suivant M. Ragonot , est également applicable à toutes les plantes nombreuses en variétés.

EXPOSITION.

ORANGERIE DE LA CHAMBRE DES PAIRS.

Rapport du jury d'examen
(31 mai 1831).

M. Ragonot fils, en persistant à semer des Pensées, est parvenu à rivaliser avec les Pensées anglaises et à démontrer qu'avec de la patience, de la constance, dans les semis, jointes à l'intelligence et à l'activité des horticulteurs français, nous pouvons, non-seulement n'avoir plus recours à nos voisins pour en obtenir de belles variétés, mais encore les rendre tributaires, à leur tour, de nos produits horticoles. Le jury lui décerne le prix du sixième concours (*Médaille d'argent*).

EXTRAIT DE LA GAZETTE DE FRANCE

(Du 10 mars 1841).

Les jardins ont aussi leur philosophie , leur phy-
siologie et leur littérature. M. Ragonot-Godefroy,
jeune cultivateur fleuriste dans l'avenue de Marbœuf,
qui embrasse toutes les branches intéressantes de sa
profession, mais particulièrement celle des œillets, a
vu avec peine la défectuosité des catalogues de nos
collections. Rien de plus arbitraire que les dénominations. Après la révolution de juillet, on a supprimé
les noms de beaucoup de rues et de places publiques
dans les villages des environs de Paris, comme trop
monarchiques. Qu'ont fait les maires de ces localités?
Ils ont remplacé les noms historiques par les leurs et
ceux de leurs *épouses* , *demoiselles* , parents et pa-
rentes à tous les degrés , en sorte que ces dénominations ne disent rien à la mémoire et à l'esprit, et
ne satisfont que l'amour-propre de leurs auteurs.
Ainsi procèdent la plupart des horticulteurs. Leurs

catalogues de collections sont surchargés d'une foule de dénominations sans rapport entre elles, sans rapport avec l'objet qu'elles doivent rappeler. Pour peu que vous connaissiez un fleuriste, il dépend de vous d'attacher votre nom propre à une nouvelle variété de rose ou de dahlia, ou d'œillet. Chacun procédant ainsi isolément, il y a anarchie dans l'empire de Flore, et le langage y présente la confusion de la tour de Babel.

M. Ragonot veut rétablir l'ordre dans ce chaos. Il a présenté à la Société d'horticulture un travail intéressant, dans lequel il expose sa méthode. Elle est simple, tout à fait logique, et applicable à toutes les plantes classées par espèces et variétés. S'agit-il, par exemple, des œillets? Il établit ses divisions d'après les caractères déduits de la forme ou de la couleur. Cela fait, chacune de ces tribus de plantes, comme les tribus d'Israël, est placée sous une invocation particulière. L'une appartient à l'Ancien Testament, l'autre à l'histoire profane, celle-ci à la mythologie, celle-là à l'astronomie, etc., et les variétés ou nuances de chaque tribu reçoivent des noms empruntés à la classe à laquelle elles appartiennent. Ce système, dont l'exposé exigerait plus de développements, est à la fois rationnel et ingénieux. Il tend à rétablir l'unité du langage floral, à faciliter les transactions, à prévenir les erreurs. Il n'empêche pas les consécrations filiales, conjugales , de clientèle et autres. M. Ragonot se montre ici, non-seulement jardinier, mais encore philosophe et rhéteur, qualités qui sont moins rares qu'on ne croit chez des hommes que la nature de leurs travaux porte à la méditation.

FIN.

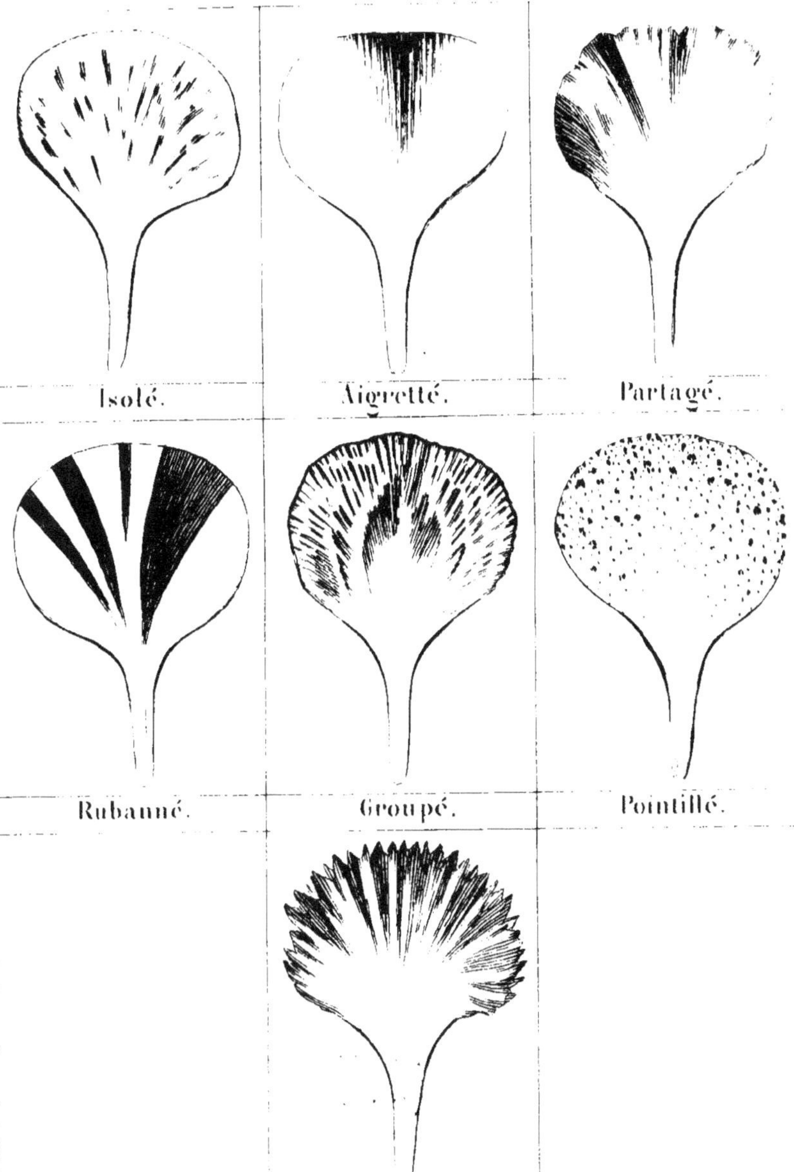

Caractères élémentaires et distinctifs des Pétales.
Isolé.
Aigretté.
Partagé.
Rubanné.
Groupé.
Pointillé.
Flammé.

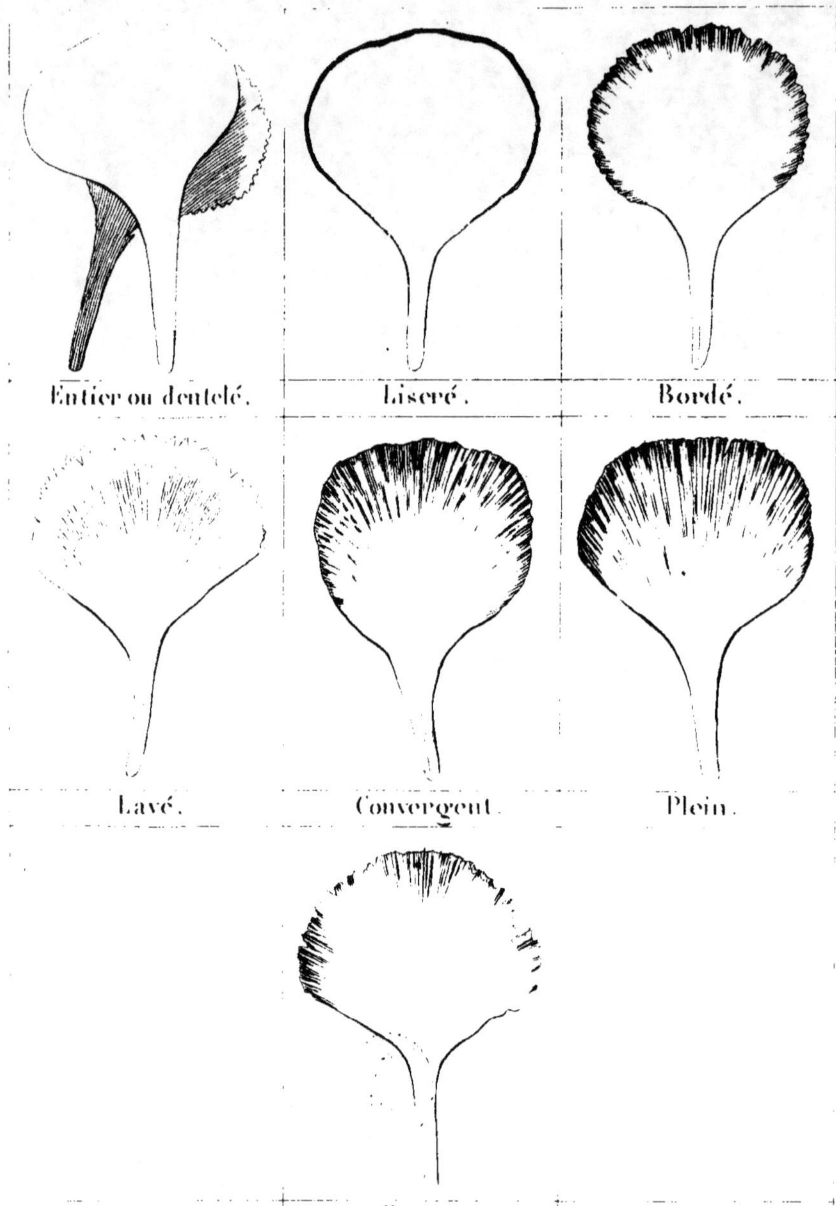

Caractères élémentaires et distinctifs des Pétales.
Entier ou dentelé.
Liseré.
Bordé.
Lavé.
Convergent.
Plein.
Épars.

TABLE.

—

FIN DE LA TABLE.

PARIS. — IMPRIMERIE DE FAIN ET THUNOT,
Rue Racine, 28, près de l'Odéon.